ISSN 0021-1915

15. JAHRGANG · SEITEN 193—232 · BERLIN JULI 1979

IPRAX 15 15 (7) 193—232 (1979) 32036

7

isotopenpraxis

EVP 9,— M

AKADEMIE-VERLAG

ISOTOPENPRAXIS

herausgegeben von J. Mühlenpfordt, Berlin · C. F. Weiss, Leipzig

An unsere Autoren

Die Zeitschrift veröffentlicht Beiträge zu folgenden Themen: Kontrolle und Analyse radioaktiver und stabiler Isotope, Anwendung radioaktiver und stabiler Isotope in allen Gebieten der Forschung und Technik, der Industrie, Landwirtschaft und Medizin, Herstellung radioaktiver und stabiler Isotope sowie von markierten Verbindungen, kernelektronische Geräte für die Isotopenanwendung (Dickenmesser, Dichtemesser u. ä.) Detektoren für isotopentechnische Arbeiten und den Strahlenschutz in Isotopenlaboratorien, Meßtechnik und Strahlenschutz, Dosimetrie in Isotopenlaboratorien, kerntechnische Geräte für die Isotopenanwendung (Betron, Bestrahlungsanlagen u. ä.), Strahlenchemie, Radiochemie, ökonomische und perspektivische Fragen, Fragen der Weiterbildung.

1. Aufnahme von Manuskripten

Zur Veröffentlichung angenommen werden nur druckreife, noch nicht anderweitig publizierte Beiträge in deutscher, englischer oder russischer Sprache zum Themenbereich der Zeitschrift und zwar

Originalarbeiten
Kurze Originalmitteilungen
Aus der Praxis
Zusammenfassende Berichte
Tagungsberichte
Informationen.

Sind der Beitrag oder Teile daraus bereits veröffentlicht oder ist eine anderweitige Veröffentlichung vorgesehen, so muß dies der Redaktion mit genauer Angabe der Zweitveröffentlichung mitgeteilt werden. Mit der Annahme des Manuskriptes behält sich der Verlag das Recht der Vervielfältigung, Verbreitung und Übersetzung innerhalb der gesetzlichen Schutzfrist vor. Auszugsweiser Nachdruck oder photomechanische u. a. Wiedergabe sind an eine schriftliche Genehmigung des Verlages gebunden. Manuskripte, Zeichnungen und Photos von veröffentlichten Arbeiten werden nur auf den besonderen und bis zum Zeitpunkt der Veröffentlichung mitgeteilten Wunsch des Autors zurückgesandt.

Bei der unverlangten Einreichung von Manuskripten wird empfohlen, eine Befürwortung eines der Herausgeber oder Redaktionsausschußmitglieder beizufügen.

Manuskripte sind einzureichen bei der Redaktion, DDR-108 Berlin, Leipziger Str. 3–4.

2. Form der Manuskripte

Die Autoren werden gebeten:

2 Manuskripte, eines davon in Original-Maschinenschrift, einseitig und mit 2zeiligem Abstand einzureichen; gut leserliche Photokopien sind zulässig; auf dem 1. Blatt (unter Weglassung der Bezeichnung)

den Titel der Arbeit
Vorname-Initialen und Namen sämtlicher Autoren
gegebenenfalls die Institution, in der sie tätig sind
eine kurze Zusammenfassung der Arbeit von höchstens 15 Zeilen
Keywords in alphabetischer Reihenfolge und
als Fußnote die Anschrift der Institution anzugeben;

wenn möglich auf gesonderten Blättern Namen, Titel der Arbeit und Zusammenfassung in den beiden anderen obengenannten Sprachen 2fach beizufügen;

Literaturhinweise (fortlaufend numeriert), Fußnoten, Tabellen, Abbildungen (in etwa 2facher Veröffentlichungsgröße), Abbildungsunterschriften (getrennt von den Abbildungen, mit Zeichenerklärungen, Quellenangaben, falls erforderlich, und gegebenenfalls mit einem Vermerk für besondere Wünsche bezüglich der Abbildungsgröße), private und Dienstanschrift der Verfasser mit akademischen Titeln und ausgeschriebenen Vornamen auf besonderen Blättern ans Ende des Manuskriptes zu stellen;

Wünsche für den Kolumnentitel (Seitenüberschrift) bekanntzugeben;

Absätze durch Einzüge von mindestens 3 Anschlägen kenntlich zu machen;

die Maßeinheiten des SI-Systems ("Systéme International") zu verwenden;

Korrekturen im Manuskript unmittelbar an der zu korrigierenden Stelle anzubringen;

Formeln deutlich lesbar und möglichst groß einzutragen;

Farbabbildungen und nachträgliche Änderungen oder Ergänzungen in Abbildungen zu vermeiden;

hervorzuhebende Textstellen zu unterstreichen, und zwar halbfetten Satz mit einer geraden schwarzen Linie, kursiven Satz (Sschrägschrift) mit einer blauen Wellenlinie (alle Eigennamen). Sperrungen gestrichelt;

besondere Buchstaben durch farbige Unterstreichung zu kennzeichnen, und zwar Formelzeichen in

Griechisch-Kursiv (α, β, ...) rot,
Kursiv (*A*, *B*, ...) blau
halbfetter Kursiv (***A***, ***B***, ...) 2 Linien blau (Vektoren),
halbfetter Grotesk (**A**, **B**, ...) 2 Linien violett (Tensoren);

bei Literaturangaben auf Vollständigkeit zu achten. In nachstehender Reihenfolge müssen angegeben sein:

a) bei *Zeitschriften*: Vorname-Initialen und Namen sämtlicher Autoren, Titel der Zeitschrift (nach „Periodica Chimica" oder möglichst wenig gekürzt), Bandnummer (unterstrichen), Jahreszahl (im Klammern), Heftnummer (nur bei Zeitschriften, die jedes Heft mit S. 1 beginnen) sowie die Seitenzahl, auf der die zitierte Arbeit beginnt.

b) bei *Büchern*: Initialen der Vornamen und Name des Autors (Herausgeber werden durch den Zusatz „ed." gekennzeichnet), voll ausgeschriebener Titel des Buches in der Originalsprache, evtl. Bandnummer, voll ausgeschriebener Name des Verlages, Nummer der Auflage (außer der ersten), Erscheinungsort(e), Erscheinungsjahr (hier nicht in Klammern setzen!) und evtl. Kapitelnummer, Seitenzahl u. ä.

c) bei *Sammelbänden, Tagungsberichten*: Es soll zusätzlich der Titel des zitierten Beitrags angegeben werden. Die Seitenzahl muß unbedingt angegeben werden. Aus dem Zitat muß hervorgehen, ob es sich um einen Tagungssammelband oder um einen noch nicht veröffentlichten Vortrag handelt. Zwischen Tagungsort und Erscheinungsort des entsprechenden Tagungsberichts ist zu unterscheiden.

3. Korrekturen

Der Autor erhält zwei Umbruchabzüge, von denen einer möglichst schnell korrigiert an die Redaktion zurückgereicht werden soll. Auf Wunsch des Autors kann die Korrektur auch von der Redaktion gelesen werden.

Durch nachträgliche Manuskriptänderungen verursachte Korrekturkosten gehen, sofern sie 10% der Satzkosten übersteigen zu Lasten des Autors.

Der Autor erhält 50 Sonderdrucke kostenlos. Weitere Sonderdrucke können bis zur Rückgabe der Korrekturabzüge auf Kosten des Autors bei der Redaktion bestellt werden.

Bezugsmöglichkeiten

Bestellungen sind zu richten

- **in der DDR** an den Postzeitungsvertrieb; an eine Buchhandlung oder an den AKADEMIE-VERLAG, DDR-108 Berlin, Leipziger Straße 3–4
- **im sozialistischen Ausland** an eine Buchhandlung für fremdsprachige Literatur oder an den zuständigen Postzeitungsvertrieb
- **in der BRD und Westberlin** an eine Buchhandlung oder an die Auslieferungsstelle KUNST UND WISSEN, Erich Bieber, 7 Stuttgart 1, Wilhelmstraße 4–6
- **in Österreich** an den Globus-Buchvertrieb, 1201 Wien, Höchstädtplatz 3
- **in den übrigen westeuropäischen Ländern** an eine Buchhandlung oder an die Auslieferungsstelle KUNST UND WISSEN, Erich Bieber GmbH, CH-8008 Zürich/Schweiz, Dufourstraße 51
- **im übrigen Ausland** an den Internationalen Buch- und Zeitschriftenhandel; den Buchexport, Volkseigener Außenhandelsbetrieb der Deutschen Demokratischen Republik, DDR-701 Leipzig, Postfach 160, oder an den AKADEMIE-VERLAG, DDR-108 Berlin, Leipziger Straße 3–4

Zeitschrift „Isotopenpraxis"

Herausgeber: Im Auftrag des Akademie-Verlages herausgegeben von Prof. Dr. Justus Mühlenpfordt und Prof. Dr. Carl Friedrich Weiss

Verlag: Akademie-Verlag, DDR-108 Berlin, Leipziger Straße 3–4; Fernruf 2 23 62 21 oder 2 23 62 29; Telex-Nr. 114 420;

Bank: Staatsbank der DDR, Berlin, Kto.-Nr.: 6836-26-20712

Chefredakteur: Dr. Klaus Uhlig, Berlin

Anschrift der Redaktion (Fernruf: 6 35 11 77) der Zeitschrift Isotopenpraxis: Akademie-Verlag, DDR-108 Berlin, Leipziger Str. 3–4

Veröffentlicht unter der Lizenznummer 1527 des Presseamtes beim Vorsitzenden des Ministerrates der Deutschen Demokratischen Republik

Gesamtherstellung: VEB Druckerei „Thomas Müntzer", DDR-582 Bad Langensalza

Erscheinungsweise: Die Zeitschrift „Isotopenpraxis" erscheint monatlich. Die 12 Hefte eines Jahrganges bilden einen Band. Bezugspreis je Band 144,– M zuzüglich Versandspesen (Preis für die DDR 108,– M), Preis je Heft 12,– (Preis für die DDR 9,– M)

Bestellnummer dieses Heftes: 1079/15/7

AN (EDV) 12831

ISOTOPENPRAXIS ISSN 0021-1915

Band 15 (1979) Heft 7, S. 193–232

Redaktion und Verlag: Akademie-Verlag, Redaktion Isotopenpraxis, 108 Berlin, Leipziger Straße 3–4

Inhaltsverzeichnis

H. Koch

40 Jahre Kernspaltung
Zum 100. Geburtstag von Otto Hahn

Isotopenpraxis 15 (1979) H. 7, S. 193 bis 197
1 Abb., – Tab., 6 Lit.

Anläßlich des 100. Geburtstages des Entdeckers der Kernspaltung, Otto Hahn, und des 40jährigen Jubiläums dieser bedeutsamen wissenschaftlichen Entdeckung wird die historische Entwicklung, die zur Kernspaltung führte, dargestellt. Es werden Aspekte des damaligen wissenschaftlichen Lebens in Berlin und in der ganzen Welt betrachtet und Wechselbeziehungen der Wissenschaftler untereinander durch Zitate beleuchtet. In diesem Zusammenhang wird besonders auf das Leben und Wirken von Otto Hahn als Mensch und Wissenschaftler eingegangen, und es werden seine herausragenden wissenschaftlichen Leistungen gewürdigt.

Zusammenfassende Berichte

H. R. Schütte, M. Stock

Synthese und Anwendung von stereospezifisch mit Tritium oder Deuterium markierter Mevalonsäure

Isotopenpraxis 15 (1979) H. 7, S. 197 bis 202
10 Abb., – Tab., 110 Lit.

Nach einer allgemeinen Einführung in das Problem der Prochiralität gibt die Arbeit einen Überblick über die Möglichkeiten zur chemischen und enzymatischen Synthese stereospezifisch mit Deuterium bzw. Tritium markierter Mevalonsäure. Anschließend werden die wichtigsten Arbeiten zur Anwendung dieser markierten Mevalonsäuren diskutiert.

Originalarbeiten

Y. Fujii, H. Kakihana, M. Okamoto, T. Oi, Y. Sakuma

Trennung von Lithium- und Uranisotopen durch Ionenwanderung mit Hilfe von Kationen-Austauscher-Membranen (*in Englisch*)

Isotopenpraxis 15 (1979) H. 7, S. 203 bis 208
8 Abb., 2 Tab., 21 Lit.

Die Isotopentrennung durch chromatographische Ionenwanderung wurde unter Verwendung von Kationen-Austauscher-Membranen als Migrationsmedien für Lithium (^{6}Li und ^{7}Li) und für Uran (^{235}U und ^{238}U) untersucht. Die Membranen wurden im Gegenstromverfahren entgegen der Bewegungsrichtung der Isotopen-Kationen bewegt. Bei beiden Elementen war das leichtere Isotop, ^{6}Li bzw. ^{235}U, vorn in der Migrationszone konzentriert. Am äußersten vorderen Ende erhöhte sich der Anteil an ^{6}Li vom ursprünglichen Wert von 7,5 % nach einer Migration von 386 cm auf 16,8 %, während der Anteil an ^{235}U vom ursprünglichen Wert 0,723 % nach einer Migration von 200 cm auf 0,743 % anstieg. Die Isotopentrennfaktoren wurden experimentell ermittelt: $\varepsilon = (3,7 \pm 0,4) \cdot 10^{-3}$ bei Lithiumisotopen und zwei leicht voneinander abweichende Werte $\varepsilon = (4,9 \pm 1,0) \cdot 10^{-5}$ und $(5,4 \pm 1,1) \cdot 10^{-5}$ bei Uranisotopen. Ein steiler Anstieg der Isotopenanreicherung wurde in einem eng begrenzten Bereich festgestellt. Eine mathematische Kurve für die Isotopenanreicherung wurde abgeleitet, wobei der Kurvenanstieg für jedes Versuchsergebnis abgeschätzt wurde.

P. Kleinert, E. Klose, E. Schumann

Methode zur Sofortbestimmung von ^{113}Sn im Eluat von ^{113}Sn/^{113m}In-Generatoren

Isotopenpraxis 15 (1979) H. 7, S. 208 bis 210
1 Abb., 1 Tab., 8 Lit.

Es wird eine radiometrische Untersuchungsmethode zur Bestimmung der ^{113}Sn-Kontamination im Eluat von Sn/In-Generatoren vorgestellt. Dabei wird das ^{113}Sn über Membranfilter abgetrennt. Die Berechnung der ^{113}Sn-Konzentration erfolgt aus den in 2 Kanälen gemessenen Impulsraten von ^{113}Sn und ^{113m}In. Die Untersuchung dauert ca. 5 Minuten.

G. Boden

Lumineszenzautoradiographie – eine Methode zur Untersuchung von glasigem und kristallinem SiO_2

Isotopenpraxis 15 (1979) H. 7, S. 210 bis 213
8 Abb., 1 Tab., 10 Lit.

Die nach Einwirkung von ionisierender Strahlung auf SiO_2-Spezies emittierte Lumineszenzabstrahlung kann mit Hilfe autoradiographischer Techniken und Materialien lokal registriert werden. Dabei werden Aussagen über Homogenität und Qualität von Kieselgläsern sowie über den Aufbau von Quarz-Mineralien erhalten. Je nach Eindringtiefe der ionisierenden Strahlung wird die gesamte Probe bzw. die Probenoberfläche untersucht.

H. Greupner, K. Groche

Über die Anwendung einer 2-Detektor-Methode für relative Aktivitätsmessungen mittels Zylinderionisationskammern

Isotopenpraxis 15 (1979) H. 7, S. 214 bis 215
2 Abb., – Tab., 4 Lit.

Zur Reduzierung von geometrisch bedingten Meßfehlern bei relativen Aktivitätsmessungen im begrenzten Raumwinkel nach der Substitutionsmethode wurde eine 2-Detektor-Methode erprobt. Als Detektor dienten zwei nahezu identisch aufgebaute, liegende Zylinderionisationskammern. Es wurden Untersuchungen zum Einfluß des Abstandes Strahlungsquelle – Detektor bei dieser Methode durchgeführt.
Die erhaltenen Meßergebnisse liegen innerhalb der Meßgenauigkeit auf einer theoretisch berechneten Kurve, die die reduzierte Abstandsabhängigkeit bei der 2-Detektor-Methode beschreibt. Es konnte gezeigt werden, daß bei einem Detektor-Detektor-Abstand von 1000 mm eine Änderung der Lage der Strahlungsquelle um ±8 mm aus der Mitte in Richtung eines der Detektoren eine Änderung des Ionisationsstromes von nur ca. 1‰ hervorruft.

C. Daiev, S. Spassov

Über die Möglichkeit einer strahlenchemischen Reinigung von Abwässern, die Dodezylbenzolsulfonat und Nonylphenylpolyglykoläther enthalten

Isotopenpraxis 15 (1979) H. 7, S. 216 bis 219
5 Abb., 3 Tab., 15 Lit.

Es wurde die Möglichkeit des strahlenchemischen Abbaues einiger Detergenzien untersucht, die in Abwässern enthalten sind. Es wurde festgestellt, daß von den oberflächenaktiven Substanzen (OFAS), die den Hauptteil der aktiven Substanz der Detergenzien darstellen, die ionogenen (z. B. Dodezylbenzolsulfonat) bei verhältnismäßig niedrigeren Dosen zersetzt werden als die nichtionogenen (z. B. Nonylphenylpolyglykoläther). Bei gleicher Konzentration beider Stoffe bewirken Dosen in der Größenordnung von 5 bis 6 kGy einen höheren Grad des Abbaues bei Dodezylbenzolsulfonat als Dosen von 10 bis 20 kGy beim Nonylphenylpolyglykoläther. Versuche mit realen Abwässern, die die Präparate „Biopon", „Alkasuper" und „Kitka" enthalten, bestätigen die erkannte Gesetzmäßigkeit und zeigen die Perspektive eines strahlenchemischen Abbaues für die Reinigung von Abwässern, die ionogene OFAS enthalten.

M. B. Hafez, N. Hafez, W. Higazi

Die Radiolyse der wäßrigen Lösung von Co(II)- und Co(III)-Komplexen mit Diäthylentriaminpentaessigsäure (*in Englisch*)

Isotopenpraxis 15 (1979) H. 7, S. 219 bis 222
4 Abb., 3 Tab., 12 Lit.

(Fortsetzung des Inhaltsverzeichnisses auf der Rückseite des 2. gelben Blattes)

ISOTOPENPRAXIS

Band **15** (1979) Heft 7, S. 193–232

Redaktion und Verlag: Akademie-Verlag, Redaktion Isotopenpraxis, 108 Berlin, Leipziger Straße 3–4

Contents

H. Koch

40 Years of Nuclear Fission

Isotopenpraxis **15** (1979) No. 7, p. 193 to 197
1 Fig., – Tab., 6 Ref.

Both on the occasion of the 100th birthday of the discoverer of nuclear fission, Otto Hahn, and the 40th anniversary of the existence of this outstanding scientific discovery, the historical development which led to nuclear fission is described. Aspects of scientific life in Berlin and in the whole world at that time are presented, while relations between scientists are characterized by quotations. In particular, stress is laid on the life and activities of Otto Hahn as a human being and as a scientist, and his outstanding scientific achievements are appreciated.

Reports

H. R. Schuette, M. Stock

Synthesis and Application of Stereospecifically Tritium or Deuterium Labelled Mevalonic Acid

Isotopenpraxis **15** (1979) No. 7, p. 197 to 202
10 Fig., – Tab., 110 Ref.

Together with a general introduction into the problem of prochirality, this work gives a survey on the possibilities of both chemical and enzymatic synthesis of stereospecifically deuterium or tritium labelled mevalonic acid. Furthermore, the essential works on the application of these labelled mevalonic acids are discussed.

Articles

Y. Fujii, H. Kakihana, M. Okamoto, T. Oi, Y. Sakuma

Separation of Isotopes of Lithium and Uranium by Electromigration Using Cation-Exchange Membranes (*in Englisch*)

Isotopenpraxis **15** (1979) No. 7, p. 203 to 208
8 Fig., 2 Tab., 21 Ref.

Isotope separation by chromatographic electromigration has been studied for lithium (^{6}Li and ^{7}Li) and uranium (^{235}U and ^{238}U), using cation-exchange membranes as migration media. The membranes were pulled back against the direction of the movement of isotopic cations in a countercurrent manner. In both cases of the elements the lighter isotope, ^{6}Li or ^{235}U, was concentrated at the frontal part of a migration zone; at the extreme front the ^{6}Li atom % increased to 16·8 % from the original value of 7·5 % after 386 cm migration, and the ^{235}U atom % rose to 0·743 % from the original value of 0·723 % after 200 cm migration. Isotope separation coefficients were experimentally determined: $\varepsilon = (3{\cdot}7 \pm 0{\cdot}4) \times 10^{-3}$ for lithium isotopes, and two slightly different values $\varepsilon = (4{\cdot}9 \pm 1{\cdot}0) \times 10^{-5}$ and $(5{\cdot}4 \pm 1{\cdot}1) \times 10^{-5}$ for uranium isotopes. The steep isotope accumulation was observed in a narrow boundary region. A mathematical expression for the isotope accumulation curve was derived, and the slope of the curve was assessed for each experimental result.

P. Kleinert, E. Klose, E. Schumann

Method for Rapid Determination of ^{113}Sn in the Eluate of ^{113}Sn/^{113m}In-Generators

Isotopenpraxis **15** (1979) No. 7, p. 208 to 210
1 Fig., 1 Tab., 8 Ref.

A radiometric method for the determination of ^{113}Sn contamination in the eluate of Sn/In generators is presented. ^{113}Sn is separated using membrane filters. The ^{113}Sn concentration is calculated on the basis of the ^{113}Sn and ^{113m}In pulse rates measured in two channels. The investigation took about 5 minutes.

Содержание

Х. Кох

40 лет деления ядра

Isotopenpraxis **15** (1979) вып. 7, стр. 193 до 197
1 рис., – табл., 6 лит.

По поводу столетия со дня рождения человека, открывшего деление ядра, Отто Хана, и сорокалетия этого важного научного открытия излагается историческое развитие, которое привело к делению ядра. Освещаются аспекты тогдашней научной жизни в г. Берлине и во всем мире, и приводятся цитаты, характеризующие взаимоотношения ученых между собою. В этой связи особенно отмечаются жизнь и деятельность Отто Хана как человека и ученого, а также его выдающиеся научные достижения.

Обзоры

Х. Р. Шютте, М. Шток

Синтез и применение меченой стереоспецифическим образом тритием или дейтерием мевалоновой кислоты

Isotopenpraxis **15** (1979) вып. 7, стр. 197 до 202
10 рис., – табл., 110 лит.

Вместе с общим введением в проблему прохиральности, работа дает обзор о возможностях химического и ферментативного синтеза меченой стереоспецифическим образом тритием или дейтерием мевалоновой кислоты. Помимо этого, обсуждаются наиболее существенные работы по вопросу применения данных меченых мевалоновых кислот.

Статьи

И. Фуджи, Х. Какихана, М. Окамото, Т. Ой, И. Сакума

Разделение изотопов лития и урана методом миграции ионов с использованием катионитных мембран (*на англ. языке*)

Isotopenpraxis **15** (1979) вып. 7, стр. 203 до 208
8 рис., 2 табл., 21 лит.

Рассматривался процесс разделения изотопов методом хроматографической миграции ионов с использованием катионитных мембран в качестве сред миграции применительно к литию (^{6}Li и ^{7}Li), а также к урану (^{235}U и ^{238}U). Мембраны в режиме противотока были двинуты против направления движения изотопных катионов. По обоим элементам, более легкий изотоп, т. е. ^{6}Li и ^{235}U, концентрировался на переднем краю зоны миграции. На крайнем переднем конце доля ^{6}Li после миграции в 386 см с первоначального значения 7,5 % повысилась до 16,8 % в то время, когда доля ^{235}U после миграции в 200 см с первоначального значения 0,723 % повысилась до 0,743 %. Коэффициенты разделения изотопов определились экспериментальным способом: $\varepsilon = (3{,}7 \pm 0{,}4) \cdot 10^{-3}$ по изотопам лития, и два слегка расходящие друг от друга значения: $\varepsilon = (4{,}9 \pm 1{,}0) \cdot 10^{-5}$ и $(5{,}4 \pm 1{,}1) \cdot 10^{-5}$ по изотопам урана. Резкое повышение концентрации изотопов было обнаружено в узко ограниченном диапазоне. Была выведена математическая кривая, характеризующая обогащение изотопов, причем наклон кривой оценивался отдельно по каждому результату испытания.

П. Клайнерт, Э. Клозе, Э. Шуманн

Метод экспрессного определения ^{113}Sn в элюате генераторов ^{113}Sn/^{113m}In

Isotopenpraxis **15** (1979) вып, 7. стр. 208 до 210
1 рис., 1 табл., 8 лит.

Представляется радиометрический метод исследования для определения загрязнения по ^{113}Sn в элюате генераторов Sn/In. При этом, ^{113}Sn отделяется мембранными фильтрами. Определение концентрации ^{113}Sn осуществляется на основании измеренных в двух каналах скоростей импульсов по ^{113}Sn и ^{113m}In. Исследование занимало примерно 5 минут.

40 Jahre Kernspaltung

Zum 100. Geburtstag von Otto Hahn*)

H. Koch

(Zentralinstitut für Isotopen- und Strahlenforschung der AdW der DDR, Leipzig)[1]

Anläßlich des 100. Geburtstages des Entdeckers der Kernspaltung, Otto Hahn, und des 40jährigen Jubiläums dieser bedeutsamen wissenschaftlichen Entdeckung wird die historische Entwicklung, die zur Kernspaltung führte, dargestellt. Es werden Aspekte des damaligen wissenschaftlichen Lebens in Berlin und in der ganzen Welt betrachtet und Wechselbeziehungen der Wissenschaftler untereinander durch Zitate beleuchtet. In diesem Zusammenhang wird besonders auf das Leben und Wirken von Otto Hahn als Mensch und Wissenschaftler eingegangen, und es werden seine herausragenden wissenschaftlichen Leistungen gewürdigt.

(F 61) INIS DESCRIPTORS

nuclear physics; reviews; thermal fission; thermal neutrons

Am 6. 1. 1939 erschien in den „Naturwissenschaften" die von *O. Hahn* und *F. Strassmann* am 22. 12. 38 eingereichte Arbeit „Über den Nachweis und das Verhalten der bei der Bestrahlung des Urans mittels Neutronen entstehenden Erdalkalimetalle", in der erstmalig vom Zerplatzen des Urans bei Bestrahlung mit Neutronen gesprochen wird.

Das Einreichdatum dieser Arbeit wird allgemein als Zeitpunkt der Entdeckung der Kernspaltung bezeichnet.

Die Geschichte der Entdeckung der Kernspaltung gehört zu den erregendsten Kapiteln in der Geschichte der Naturwissenschaften. Sie ist voller Wendungen, Irrungen und Rückschläge. Sie zeigt aber auch, wie hinderlich gelegentlich gut begründete Anschauungsweisen und Theorien der Erweiterung der Erkenntnisse — also dem Fortschritt — sein können.

Die Geschichte beginnt wohl bei *Enrico Fermi* 1934 [1] in Rom. Er hatte als erster Uran gespalten, es nur falsch gedeutet.

Wenn wir uns in die damalige Zeit zurückversetzen, so hatte die experimentelle Kernphysik einen großen Auftrieb erfahren. Allein 1932 entdeckte *Chadwick* das Neutron ${}^{10}_{4}Be(\alpha, n){}^{13}_{6}C$; *Anderson* fand das Positron (β^+-Teilchen); *Cockcroft* und *Walton* gelang die erste Kernumwandlung mit künstlich beschleunigten Teilchen; *Heisenberg*, *Iwanenko* und *Tamm* begründeten die Theorie des Atomkerns; *I. Curie* und *F. Joliot-Curie* gelang 1934 die künstliche Herstellung radioaktiver Isotope:

$${}^{10}_{5}B(\alpha, n){}^{13}_{7}N \xrightarrow[10\,min]{\beta^+} {}^{13}_{6}C$$

$${}^{27}_{13}Al(\alpha, n){}^{30}_{15}P \xrightarrow[2{,}2\,min]{\beta^+} {}^{30}_{14}Si$$

Man fand, daß α-Teilchen wegen der *Coulomb*schen Kräfte bzw. der Überwindung des Potentialwalls nur mit leichten Kernen reagieren. *Fermi* erkannte als erster die Bedeutung der Neutronen zur Herstellung von künstlichen Radioisotopen. Er verfügte über 1 g Radium, von dem er das radioaktive gasförmige Folgeprodukt Radon extrahierte und dieses zur Erzeugung von Neutronen mit Beryllium in Kontakt brachte $\left({}^{9}Be(\alpha, n){}^{12}C\right)$. Auf diese Weise wurden systematisch alle verfügbaren Elemente, von Wasserstoff beginnend bis hin zum Uran, bestrahlt und dabei etwa 100 radioaktive Isotope der Ausgangselemente oder benachbarter Elemente gefunden. *Fermi* fand, daß bei leichten Kernen besonders (n, α)- und (n, p)-Reaktionen, bei schwereren Kernen (n, 2n)- und (n, γ)-Reaktionen eintreten. Dieser Sachverhalt wurde mit dem gleichen Effekt wie beim Einfang durch den Potentialwall erklärt.

Da der Neutroneneinfang eines Kerns meist zu einem Neutronenüberschuß im Kern führt, erfolgt vorwiegend β-Zerfall-Umwandlung eines Neutrons in ein Proton, wobei ein Element mit höherer Ordnungszahl entsteht:

$${}^{127}_{53}J(n, \gamma){}^{128}_{53}J \xrightarrow{\beta^-} {}^{128}_{54}Xe \text{ (stabil)}$$

Wird Uran (das bis dahin schwerste der bekannten Elemente) mit Neutronen bestrahlt, dann müssen Transurane wie Element 93 usw. entstehen.

Fermi fand bei der Bestrahlung von Uran mit Neutronen mehrere β-Aktivitäten, von denen 2 dem chemischen Verhalten nach Transurane sein konnten. Man ging davon aus, daß sich die Elemente einer Periodengruppe ähnlich ihren Homologen verhalten.

So sind (Abb. 1) Th, Pa und U chemisch ihren Homologen Hf, Ta und W ähnlich. Es war zu erwarten, daß sich demnach die Elemente 93 wie Re, 94 wie Os und 95 wie Ir verhalten würden. Das Element 93, nach dem *Fermi* suchte, sollte sich wie Re bzw. wie die anderen Elemente der 7a-Gruppe Masurium (Tc) und Mn verhalten. Die 13-min- und 90-min-Isotope konnten gemeinsam mit MnO_2 abgeschieden werden. Weiter wurde bewiesen, daß diese neuen Radionuklide nicht zu den Elementen zwischen Pb ($Z = 82$) und U ($Z = 92$) gehören.

Nach der quantenmechanischen Theorie der Teilchenemission können zahlreiche α-Teilchen oder gar größere Nukleonen den Potentialwall nur bei sehr hohen Anregungsenergien überwinden. Diese waren mit den damaligen Mitteln nicht erreichbar. Auch bis heute ist die Kernspaltung die einzige Ausnahme dieser Regel geblieben.

Man hatte gelegentlich darüber diskutiert, daß die Transurane eine ähnliche Reihe wie die Lanthaniden bilden könnten, aber die Mitfällung der neuen Nuklide mit Re- und Pt-sulfid sprach zugunsten der erwähnten Annahmen. So wurde auch ein Einwand von *I. Noddak* 1934 nicht zur Kenntnis genommen. Auch *A. von Grosse* hatte Einwände gegen *Fermis* Theorien und meinte, daß Protaktinium (Pa) nicht sicher ausgeschlossen werden kann.

Dieser Sachverhalt regte nun *Hahn* und *Meitner* (die Entdekker des Pa) an, die *Fermi*schen Versuche zu wiederholen. Sie konnten die Anwesenheit von Pa ausschließen und fanden von 1934 bis 1938 weitere „Transuranelemente", die genau in das vorgegebene Denkschema paßten. Die Nuklide zeigten recht

*) Gehalten als Kolloquiumsvortrag am Zentralinstitut für Isotopen- und Strahlenforschung Leipzig im Januar 1979 anläßlich des 40. Jahrestages der Entdeckung der Kernspaltung

[1]) 705 Leipzig, Permoserstraße 15

1a	2a	3a	4a	5a	6a	7a	8a			1b	2b	3b	4b
Li	Be												
3	4												
Na	Mg	Al											
11	12	13											
K	Ca	Sc	Ti	V	Cr	Mn	Fe	Co	Ni	Cu	Zn	Ga	Ge
19	20	21	22	23	24	25	26	27	28	29	30	31	32
Rb	Sr	Y	Zr	Nb	Mo	Tc	Ru	Rh	Pd	Ag	Cd	In	Sn
37	38	39	40	41	42	43	44	45	46	47	48	49	50
Cs	Ba	La	Hf	Ta	W	Re	Os	Ir	Pt	Au	Hg	Tl	Pb
55	56	57	72	73	74	75	76	77	78	79	80	81	82
Fr	Ra	Ac	Th	Pa	U	ERe	EOs	EIr	EPt	EAu			
87	88	89	90	91	92	93	94	95	96	97			

Abb. 1. Periodensystem (Ausschnitt)

spezifische Reaktionen ihrer Homologen, so fällt Eka-Re mit Nitroperrhenat und das Eka-Pt mit Ammoniumhexachloroplatinat aus. Durch umfangreiche Untersuchungen kam man bis zum Element 97 und fand drei radioaktive Reihen:

$${}_{92}\text{U} \xrightarrow{n} {}_{92}\text{U}^* \xrightarrow[(10\,\text{s})]{} {}_{93}\text{Eka-Re}^* \xrightarrow[(2{,}2\,\text{min})]{} {}_{94}\text{Eka-Os}^* \xrightarrow[(59\,\text{min})]{}$$

$${}_{95}\text{Eka-Ir}^* \xrightarrow[(60\,\text{h})]{} {}_{96}\text{Eka-Pt}^* \xrightarrow[(2{,}5\,\text{h})]{} {}_{97}\text{Eka-Au (inaktiv)}$$

$${}_{92}\text{U} \xrightarrow{n} {}_{92}\text{U}^* \xrightarrow[(40\,\text{s})]{} {}_{93}\text{Eka-Re}^* \xrightarrow[(16\,\text{min})]{} {}_{94}\text{Eka-Os}^* \xrightarrow[(5{,}7\,\text{h})]{}$$

$${}_{95}\text{Eka-Ir (stabil)}$$

$${}_{92}\text{U} \xrightarrow{n} {}_{92}\text{U}^* \xrightarrow[(23\,\text{min})]{} {}_{93}\text{Eka-Re (inaktiv)}\ .$$

Diese Darstellung war trotzdem nicht widerspruchsfrei und brachte Schwierigkeiten und offene Fragen mit sich:

- Wieso kommt es zur Anhäufung von 3 Isomeren des U* und Eka-Re*;
- Wieso wird das stabile ^{238}U durch den Einfang eines Neutrons so instabil mit 5 β-Zerfällen im Gefolge?

Auch von *I. Joliot-Curie* und *Savitch* wurden in Paris solche Uranbestrahlungen mit Neutronen durchgeführt. Sie trennten aber im Gegensatz zu dem allgemein angewandten Verfahren die radioaktiven Folgeprodukte des Urans UX_1(^{234}Th) und UX_2 (^{234}Pa) nicht vor der Neutronenbestrahlung ab, sondern versuchten, diese β-Strahlung mittels Kupferfilter zu absorbieren. Dabei fanden sie einen radioaktiven Stoff, der eine energiereiche β-Strahlung aussendet und eine Halbwertszeit von 3,5 Stunden aufweist [2]. *I. Joliot-Curie* und *Savitch* gaben diesem Strahler das Symbol $R_{3,5\,h}$. Dieser unbekannte radioaktive Stoff konnte nicht als Sulfid gefällt werden und verhielt sich chemisch wie Lanthan [3].

Hahn und *Strassmann* vermuteten, daß es sich nicht um ein Transuran, sondern um ein Gemisch von Ra- und Ac-Isotopen handelt:

$${}^{238}\text{U}(n,\, 2\alpha)\, {}^{231}\text{Ra} \xrightarrow{\beta} {}^{231}\text{Ac}$$

$${}^{238}\text{U}(n,\, \alpha)\, {}^{235}\text{Th} \xrightarrow{\alpha} \alpha\, {}^{231}\text{Ra}$$

Diese Auffassung wurde dadurch bestätigt, daß 3 Strahler mit $BaCl_2$ mitgefällt wurden und weitere 3β-Strahler (mit dem 3,5-h-Strahler) sich im Niederschlag nachbildeten. Diese konnten durch NH_3-Fällung von den Ra-Isotopen abgetrennt werden, wie das für Ac-Isotope zu erwarten war.

Trotz dieses scheinbar eindeutigen Sachverhaltes gab es Bedenken, weshalb gleich 3 Ra-Isomere entstehen und diese sich auf das Folgeprodukt übertragen.

L. Meitner schlug vor, diese „Radiumisomere" durch Fraktionierung von Ba zu trennen und näher zu untersuchen bzw. die Existenz der Ra-Isotope exakt zu beweisen.

Dazu wurden die ausgefeilten Methoden der Mitkristallisation angewendet. Die Ergebnisse sind in der am 22. 12. 38 eingereichten und am 6. 1. 39 in den „Naturwissenschaften" erschienenen Veröffentlichung dargelegt [4]. Die folgenden Zitate aus dieser Arbeit sind nicht nur aus historischen Gründen interessant. „Nun müssen wir aber noch auf einige neuere Untersuchungen zu sprechen kommen, die wir der seltsamen Ergebnisse wegen nur zögernd veröffentlichen. Um den Beweis für die chemische Natur mit der dem Barium abgeschiedenen und als „Radiumisotope" bezeichneten Anfangsglieder der Reihen über jeden Zweifel hinaus zu erbringen, haben wir mit den aktiven Bariumsalzen fraktionierte Kristallisationen und fraktionierte Fällungen vorgenommen, in der Weise, wie sie für die Anreicherung (oder auch Abreicherung) des Radiums in Bariumsalzen bekannt sind. Entsprechende Versuche, die wir mit unseren von Folgeprodukten gereinigten aktiven Bariumpräparaten gemacht haben, verliefen ausnahmslos negativ: Die Aktivität blieb gleichmäßig auf alle Bariumfraktionen verteilt, wenigstens soweit wir dies innerhalb der nicht ganz geringen Versuchsfehlermöglichkeiten angeben können.

Wir kommen zu dem Schluß: Unsere „Radiumisotope" haben die Eigenschaften des Bariums; als Chemiker müßten wir eigentlich sagen, bei den neuen Körpern handelt es sich nicht um Radium, sondern um Barium; denn andere Elemente als Radium oder Barium kommen nicht in Frage.

Als Chemiker müßten wir aus den kurz dargelegten Versuchen das oben gebrachte Schema eigentlich umbenennen und statt Ra, Ac, Th die Symbole Ba, La, Ce einsetzen. Als der Physik in gewisser Weise nahestehende „Kernchemiker" können wir uns zu diesem, allen bisherigen Erfahrungen der Kernphyik widersprechenden, Sprung noch nicht entschließen. Es könnten doch noch vielleicht eine Reihe seltsamer Zufälle unsere Ergebnisse vorgetäuscht haben."

Wenn man das Ganze retrospektiv betrachtet, so geschah diese enorme Entdeckung ganz anders als man es sich vorstellt. Sie war nicht spektakulär.

- An sich entsprangen die Arbeiten von *Hahn* offenbar elementaren, naheliegenden Überlegungen und waren nicht als Spitzenleistungen geplant.
- Die Entdeckung der Uran-Spaltung geschah zufällig an einer für die Physiker höchst überflüssigen Frage des Nachweises von Ra in Ba.
- Theorien oder theoretische Vorstellungen, insbesondere wenn sie von den „Meistern" des Fachgebietes stammen, werden selten angezweifelt.
- Theorien können auch den Fortschritt hemmen. Das zeigt sich u. a. auch daran, daß die bereits 1934 von *I. Noddack* gemachten Hinweise über die Möglichkeit einer Kernspaltung völlig ignoriert wurden [5].

Die „Bemerkungen zu den Untersuchungen von *O. Hahn* ..." von Frau *Noddack* [6] aus dem Jahre 1939 sind ein interessantes Zeitdokument und werden im folgenden auszugsweise zitiert:

„1934 beobachtete *E. Fermi* bei der Bestrahlung von Uran mit Neutronen die Entstehung von mindestens 5 verschiedenen radioaktiven Atomarten.

Die neue Atomart ließ sich jedoch mit keinem der bekannten Nachbarn des Urans chemisch identifizieren. Daraus und aus einer gewissen Ähnlichkeit einiger chemischer Reaktionen mit denen des Rheniums zog *Fermi* den Schluß, daß möglicherweise ein Element jenseits des Urans, und zwar wahrscheinlich ein Eka-Rhenium ($Z = 93$), entstanden sei.

Ohne die Möglichkeit der Entstehung von „Transuranen" aus dem Uran durch Neutronenbestrahlung zu bezweifeln, habe ich 1934 in einer kritischen Besprechung der *Fermi*schen Untersuchung betont, daß sein Ausschlußverfahren mir unvollkommen durchgeführt erscheine und daß *Fermi* sein neues Radioelement mit allen bekannten Elementen hätte vergleichen sollen.

Meine Kritik der *Fermi*schen Versuche haben sie weder in ihrer ersten noch in einer ihrer vielen späteren Publikationen über die künstliche Umwandlung des Urans durch Neutronen zitiert. Mündlich auf diese Unterlassung aufmerksam gemacht, lehnte *O. Hahn* ein Zitieren meiner Arbeit ab, offenbar weil er meine Vermutung, daß das Uran vielleicht in größere Bruchstücke zerfallen könnte, für unsinnig hielt, da den Theoretikern damals solche Kernreaktionen unmöglich erschienen.

Wenn man die zahlreichen, in den nächsten 4 Jahren erschienenen Veröffentlichungen von *Hahn*, *Meitner* und *Strassmann* über die künstliche Umwandlung des Urans durch Neutronen und die dabei entstehenden Produkte sorgfältig liest, so fällt einem auf, daß die Verfasser, die immer weitere Produkte gefunden haben, ihre Ansichten über die untersuchten Prozesse und die entstandenen Atomarten vielfach änderten, daß sie etwas vorher „Bewiesenes" mehrfach zurücknahmen und wieder anders deuteten.

Am 6. Januar 1939 sprechen sie von neueren Untersuchungen, die sie „der seltsamen Ergebnisse wegen nur zögernd veröffentlichen" sie fanden, daß ihre Radium-Isotope die Eigenschaften des Bariums haben, und daß sie in ihr Schema nun eigentlich ‚statt Radium, Actinium, Thorium die Symbole Barium, Lanthan und Cer einsetzen müßten'.

Sie sind also nun zu der gleichen Ansicht gelangt, die ich schon 1934 äußerte.

Auch jetzt, nachdem er den Zerfall des Urans durch Neutronen in größere Bruchstücke nachgewiesen hat, unterläßt *O. Hahn* es, meine 1934 ausgesprochene Vermutung, daß ein solcher Prozeß stattfinden könne, zu zitieren.

Anmerkung der Redaktion:

Die Herren *Otto Hahn* und *Fritz Strassmann* haben, wie sie uns mitteilen, weder Zeit noch Lust, auf vorstehende Notiz zu antworten. Sie glauben darauf um so eher verzichten zu können, als die Möglichkeit eines Zerfalles schwerer Atome in kleinere Bruchstücke früher auch von vielen anderen diskutiert worden ist, ohne daß daraus experimentelle Konsequenzen gezogen wurden. Sie überlassen das Urteil über die Berechtigung der Ansprüche von Frau *Ida Noddack* und die Art ihrer Darstellung den Fachgenossen."

Nach dem Bekanntwerden der *Hahn*schen Ergebnisse überschlugen sich die Ereignisse. Neben dem chemischen Nachweis der Kernspaltung erfolgte auch der physikalische durch *Frisch*, dem es gelang, in mit Uran beschichteter Ionisationskammer und mit Messingzylinder, Bakelitzylinder und G.-M.-Zählrohr die Rückstoßkerne nachzuweisen.

Niels Bohr, der Mitte Januar 1939 in die USA reiste, wurde von *Frisch* und *Meitner* über *Hahns* Ergebnisse informiert. Er trug darüber in Washington vor, und in den Phys. Rev. vom 15. 2. 1939 gab es bereits 6 Zuschriften, die die Uran-Spaltung experimentell bestätigten.

Niels Bohr erkannte, daß nur das ^{235}U-Isotop mit thermischen Neutronen spaltbar ist.

Fermi, *Joliot-Curie* u. a. berechneten, daß — da die schweren Kerne relativ mehr Neutronen haben als leichte — neben den Spaltprodukten noch 2—3 Neutronen frei werden. Damit entstand auch der Gedanke zur Kettenreaktion und deren praktische (Aus-)Nutzung.

Man erkannte, daß Spaltneutronen schnelle Neutronen sind

$$^{32}S(n, p)^{32}P$$

und zum Zwecke der Uranspaltung moderiert werden müssen. Diese Entwicklung führte zum Betrieb des ersten Kernreaktors der Welt am 2. 12. 1942 in Chikago.

Bereits im Frühjahr 1939 veröffentlichte *Flügge* eine Arbeit „Kann der Energiegehalt der Atomkerne technisch nutzbar gemacht werden". *Flügge* berechnete, daß bei der Spaltung von 1 Kubikmeter Uranoxid so viel Energie frei wird, um 1000 Kubikkilometer Wasser 27 m hochzuheben. Von der theoretischen Möglichkeit der Anwendung der Atomenergie bis zu ihrer technischen Verwirklichung war dennoch ein weiter Weg.

Das Jahr 1939 brachte bis zum Kriegsbeginn noch ein friedliches Zusammenwirken vieler Länder, und es entstanden bis dahin mehr als 100 Arbeiten allein über die Kernspaltung. Mit Kriegsbeginn brachen alle Verbindungen zwischen den großen Kernforschungsinstituten der Welt ab. Erst mit den Atombomben von Hiroshima und Nagasaki im August 1945 wurde angezeigt, daß eine friedliche Entdeckung eine schreckliche, die Menschheit bedrohende Verwendung gefunden hatte.

Die Tragik dieser Entwicklung hat leider dazu geführt, daß noch heute die friedliche Nutzung der Kernenergie davon überschattet wird.

So ist es wohl auch nur aus der Angst, *Hitler* könnte die Atombombe zuerst haben, zu verstehen, daß *Eugen Wigner* und *Leo Szilard* (ehem. Assistent von *Laue*) 1939 *Einstein* veranlaßten, *Roosevelt* auf die kriegstechnische Nutzung der Atomenergie hinzuweisen. Auf die geschichtliche Tragik, daß es deutsche Wissenschaftler bzw. solche, die in Berlin gelebt und gewirkt haben, waren, braucht in diesem Zusammenhang wohl nicht näher hingewiesen zu werden. Es liegt aber auch eine tiefe Tragik darin, daß eine allen unlauteren Beweggründen ferne Forschung, wie sie *Hahn* und Mitarbeiter betrieben, in so verbrecherischer Weise mißbraucht wurde.

Hahn und Mitarbeiter haben niemals die kriegerische Nutzung der dem Kern innewohnenden Kräfte dem nazistischen Staat angeboten, noch haben sie in späteren Jahren an der Entwicklung nuklearer Waffen mitgearbeitet.

Bis zuletzt war es *Hahns* Wunsch, daß es den Verantwortlichen der großen Weltpolitik endlich gelingen möge, freiwillig auf die Gewalt als letztes Mittel der Politik zu verzichten und ihren Völkern die Angst vor dem Atomtod zu nehmen und die Spaltungsenergie für eine glückliche Zukunft der Menschen zu verwenden.

An die Stelle der Wasserkraft, der immer knapper werdenden Vorräte an Kohle und Öl wird die friedliche Atomkraft treten. Für die Menschheit und für viele wirtschaftlich unterentwickelte Völker kann die Atomkraft Rettung aus Hunger, Stagnation und Resignation bedeuten.

Angesichts der herausragenden wissenschaftlichen Leistungen und anläßlich des 100. Geburtstages am 8. 3. 1979 möchte ich die Persönlichkeit *Otto Hahn* und seinen Werdegang etwas näher betrachten.

Worin lagen die Geheimnisse der großen wissenschaftlichen Erfolge von *Otto Hahn*? War es das neue Arbeitsgebiet, sein Genius oder seine Fähigkeit, Ergebnisse intuitiv richtig zu deuten? Lag es daran, daß er große Lehrer hatte wie *Rutherford*, um den sich neben *Hahn Niels Bohr*, *Moseley*, *Aston* (Massenspektrometrie), *Blackett* (Positron), *Chadwick* (Neutron), *Cockcroft*, *Geiger* und *Kapitza* scharten; wo man sozusagen automatisch große Leistungen vollbringen mußte?

War es das berühmte Mittwoch-Kolloquium des Physikalischen Institutes am Reichstagsufer, wo unter Leitung von *Rubens* (später *Laue*) *Planck*, *Nernst*, *Fischer*, *Einstein*, *Laue* und die Assistenten *Otto von Bayer*, *James Franck*, *Gustav Hertz*, *Robert Pohl*, *Peter Pringsheim*, *Erich Wegener*, *Otto Stern*, *Hans Geiger*, *Hans Kopfermann*, *Wilhelm Westphal* und viele andere diskutierten, und wo *Hahn L. Meitner*, seine langjährige Mitarbeiterin, kennenlernte?

Nach der Promotion arbeitete der organische Chemiker *Hahn* bei *T. Zincke* in Marburg als Assistent. Direktor *Fischer* von der Fa. Calle u. Co. in Wiesbaden suchte einen jungen Chemiker, dessen Einsatz auch im Ausland vorgesehen war. *Hahn* hatte Lust, diese „lockende Anstellung" anzunehmen. Um seine Sprachkenntnisse zu erweitern, ging er 1904 mit Empfehlungsschreiben zu *William Ramsay* nach London.

Hahn bekam die Aufgabe, aus einem radioaktiven Bariumsalz (aus Ceylon) das Radium abzutrennen und dessen Atomgewicht zu bestimmen.

Bei den Arbeiten fand *Hahn* ein Produkt, das zu den Seltenen Erden gehörte und dessen Strahlung hunderttausendmal stärker war als die von Thorium. Er nannte es Radiothor (^{228}Th). Das war sicher ein Glücksumstand; aber es zeigte bereits das scharfe Beobachtungsvermögen *Hahns* und seine Gabe, experimentelle Beobachtungen richtig zu deuten.

Ramsay erkannte die Fähigkeiten *Hahns*, empfahl ihm die wissenschaftliche Laufbahn und verwendete sich für ihn bei *E. Fischer* in Berlin. *Hahn* stellte sich 1905 bei *Fischer* vor. Dieser versprach „eine Ecke für ihn", aber keine Assistentenstelle, da Radioaktivität kein Lehrgegenstand sei. Er stellte aber die Lehrbefugnis in Ausischt.

Um mehr von der Radioaktivität zu lernen, ging *Hahn* auf Empfehlung von *Ramsay* im Herbst 1905 zu *Ernest Rutherford* nach Montreal.

Diese überragende Forscherpersönlichkeit hat *Hahn* in starkem Maße beeindruckt und beeinflußt. Nicht nur dadurch, daß nach dem Abendbrot im Labor weitergearbeitet wurde oder die Wissenschaftler an den Werktagen keine Zeit hatten, zum Friseur zu gehen und sonntags durch die Hintertür zum Barbier gingen, sondern durch die fanatische Begeisterung und überschäumende Arbeitskraft und die Fähigkeit, mit einfachsten Mitteln große Entdeckungen zu machen.

Immerhin konnte *Hahn* in Montreal ein weiteres Radionuklid, das Radioaktinium (^{227}Th) nachweisen, das im *Rutherford*schen Labor bisher übersehen worden war.

Aus der *Rutherford*schen Schule gingen neben *Hahn*, *Niels Bohr*, *Moseley*, *Aston*, *Blackett*, *Chadwick*, *Crockcroft*, *Geiger* und *Kapitza* hervor.

Im Herbst 1906 kam *Hahn* nach Berlin zurück, bezog die Holzwerkstatt bei *E. Fischer*, beseitigte dort die Hobelbank, „das einzige Schmuckstück", brachte einen großen Eichentisch für die Geräte und einen kleinen Tisch zum Schreiben hinein und entdeckte zur Jahreswende 1906/07 das Mesothorium (^{228}Ra), ein Zwischenglied zwischen Thorium und Radiothor. Damals war *Hahn* dem Isotopiebegriff sehr nahe, wagte es aber nicht, ihn auszusprechen. So mußte 1911 *Soddy* das erlösende Wort sprechen. *Hahn* meinte „ich hatte zwar mehr Fehlversuche, *Soddy* aber mehr Mut".

Im Frühjahr 1907 erteilte die Berliner Universität *O. Hahn* die Lehrerlaubnis. Im Gutachten von *E. Fischer* heißt es: „Alle zuvor erwähnten Untersuchungen über Fragen der Radioaktivität legen Zeugnis dafür ab, daß Dr. *Hahn* mit den feinen Methoden der radioaktiven Forschung genau vertraut ist und die Fähigkeit besitzt, sie zur Erlangung neuer schöner Resultate zu benutzen."

Weniger zuversichtlich war das 2. Gutachten von *Walther Nernst*. „Daß der Herr Kandidat die Methoden der radiochemischen Forschung in den Laboratorien von *Ramsay* und *Rutherford* gründlich kennengelernt und mit aller Sachkenntnis zu handhaben versteht, setzen die vorgelegten Arbeiten außer Zweifel. Nicht ganz so sicher bin ich freilich, was die Fähigkeiten des Herrn Dr. *Hahn* zu selbständiger origineller Forschung anlangt; hier ist nicht zu verkennen, daß er bisher lediglich auf direkte Anregung der obengenannten Forscher hin gearbeitet hat, und so hätte ich es lieber gesehen, wenn der Kandidat auch irgendwelche auf eigene Initiative ausgeführte Arbeiten aufweisen könnte. Immerhin aber trage ich kein Bedenken..."

Natürlich gab es auch bei namhaften Wissenschaftlern ein tiefes Mißtrauen gegenüber diesem neuen Gebiet und der Bescheidenheit und selbstkritischen Haltung *Hahns*. So bezeichneten einige Kollegen aus dem Kaiser-Wilhelm-Institut es als unglaublich, daß sich jemand um die Lehrerlaubnis für ein solches Gebiet an einer Universität bewerben könne. Auch *E. Fischer*, der diesen Arbeiten verständnisvoll gegenüber stand, konnte sich nicht recht daran gewöhnen, daß man mit radioaktiven Methoden chemische Stoffe, die jenseits des Wägbaren liegen, erfassen und ihre Eigenschaften bestimmen kann. Er vertrat — im Geist der alten Schule — die Meinung, der empfindlichste Anzeiger für gewisse chemische Stoffe sei nach wie vor der Geruchssinn.

Als 1912 das neuerbaute Kaiser-Wilhelm-Institut in Dahlem eröffnet wurde, zog *Hahn* als Abteilungsleiter dort ein. Die beiden anderen größeren Abteilungen wurden von *Ernst Beckmann* und *Richard Willstätter* geleitet.

1917 wurde gemeinsam mit *L. Meitner* ein neues radioaktives Element, das Protaktinium, entdeckt.

1924 wurde *Hahn* in die Akademie der Wissenschaften aufgenommen, und 1928 wurde er Direktor des Kaiser-Wilhelm-Institutes. Sein Antrittsvortrag lautete „Was uns die Radioaktivität über die Geschichte der Erde lehrt." Er berichtete über die damals üblichen Helium- und Bleimethoden und fand eine neue Methode der Altersbestimmung von Steinmeteoriten, die Rb/Sr-Methode. All diese außergewöhnlichen Leistungen werden durch *Hahns* größte Entdeckung — die Kernspaltung — in den Schatten gestellt.

Die zaghafte Publikation und vorsichtige Ausdrucksweise der Publikation vom 6. 1. 1939 entsprach wohl dem Charakter von *Otto Hahn*, sie entsprang aber auch der bewußten strengen Selbstkritik, die alle großen Esperimentalforscher dieser Zeit auszeichnete. Mit dieser Form wurde aber auch angedeutet, daß die Versuche weitergeführt werden sollten und noch nicht abgeschlossen waren.

Allerdings konnte dadurch bei Außenstehenden der Eindruck erweckt werden, *Hahn* und *Strassmann* hätten ihre Entdeckung selbst nicht richtig einzuschätzen verstanden.

Auch *Albert Eeinstein* äußerte sich in diesem Sinne. „Ich betrachte mich nicht als den Vater der befreiten Atomenergie" sagte er 1945. „Ich habe nur an ihre theoretische Möglichkeit geglaubt. Praktisch brauchbar wurde sie erst durch die zufällige Entdeckung der Kettenreaktion, und diese konnte ich nicht voraussehen. Sie wurde von *Hahn* in Berlin entdeckt, welcher noch falsch interpretierte, was er entdeckt hatte. Die korrekte Interpretation gab *Lise Meitner*, die aus Deutschland flüchtete und ihre Informationen *Niels Bohr* aushändigte."

Die Ausführungen *Einsteins*, die in mehreren Punkten ungenau sind, unterstützten leider die törichte Legende, die nach 1945 verbreitet wurde: *Lise Meitner* hätte bei ihrer Flucht aus Deutschland irgendwelche Unterlagen über die deutsche Atomforschung mitgenommen, sie *Niels Bohr* „ausgehändigt" und so das Ausland mit dem Geheimnis der Atomspaltung bekannt gemacht. Das war aber nicht so.

Was auch immer die Gründe für den außerordentlichen wissenschaftlichen Erfolg sind, *Hahn* nannte sie selbst in seiner Antrittsrede vor der Preußischen Akademie der Wissenschaften 1924 „eine Reihe glücklicher Zufälle". Hier kann man wohl mit *Max Planck* sprechen: „Es gibt in der Wissenschaft wohl gelegentlich Verdienst ohne Glück, aber niemals Glück ohne Verdienst."

Eingegangen am 27. 3. 1979

Literatur

[1] *E. Fermi*, Nature **133** (1934) 898
[2] *I. Curie, P. Savitch*, J. Physique Radium 8 (1937) 385
[3] *I. Curie, P. Savitch*, J. Physique Radium **9** (1938) 355 und Compt. rend. **206** (1938) 906
[4] *O. Hahn, F. Strassmann*, Naturwissenschaften **27** (1939) 11
[5] *I. Noddack*, Angew. Chem. **47** (1934) 653
[6] *I. Noddack*, Naturwissenschaften **27** (1939) 212

Synthese und Anwendung von stereospezifisch mit Tritium oder Deuterium markierter Mevalonsäure

(Zusammenfassender Bericht)

H. R. Schütte, M. Stock

(Institut für Biochemie der Pflanzen, Akademie der Wissenschaften der DDR, Forschungszentrum für Molekularbiologie und Medizin, Halle/Saale)[1])

Nach einer allgemeinen Einführung in das Problem der Prochiralität gibt die Arbeit einen Überblick über die Möglichkeiten zur chemischen und enzymatischen Synthese stereospezifisch mit Deuterium bzw. Tritium markierter Mevalonsäure. Anschließend werden die wichtigsten Arbeiten zur Anwendung dieser markierten Mevalonsäuren diskutiert.

(B 13) INIS DESCRIPTORS:

chemical preparation; chirality; coenzymes; deuterium compounds; enzymes; labelled compounds; mevalonic acid; reviews; stereochemistry; terpenes; tracer techniques; tritium compounds

Wenn die Natur mit asymmetrischen, chiralen C-Atomen konfrontiert ist, wählt sie meist eine der Antipoden aus. Biologische Katalysatoren, Enzyme, sind asymmetrische Reagenzien. Die Stereospezifität der Enzymkatalyse geht aber über Moleküle mit asymmetrischen C-Atomen hinaus und schließt auch Reaktionen ein, bei denen Partner mit 2 identischen Substituenten (a' und a'') an einem C-Atom neben zwei weiteren aber unterschiedlichen Gruppen beteiligt sind. Solche Moleküle haben die allgemeine Struktur Ca'a''bd [1, 2]. Ein dreidimensionales Modell zeigt eine Symmetrieebene durch die Gruppen b, d und das Zentral-C-Atom (Abb. 1), aber die beiden Hälften lassen sich nach Teilung durch diese Ebene nicht ohne weiteres zur Deckung bringen. Andererseits ist das Spiegelbild durch Drehen um 180° mit dem Molekül zur Kongruenz zu bringen. Aus dieser Beziehung folgt, daß, obwohl das Ca'a''bd-Molekül optisch inaktiv ist, die gleichen Gruppen a'a'' trotzdem sterisch nicht äquivalent und daß sie deshalb durch ein asymmetrisches Reagens, wie es ein Enzym darstellt, unterscheidbar sind.

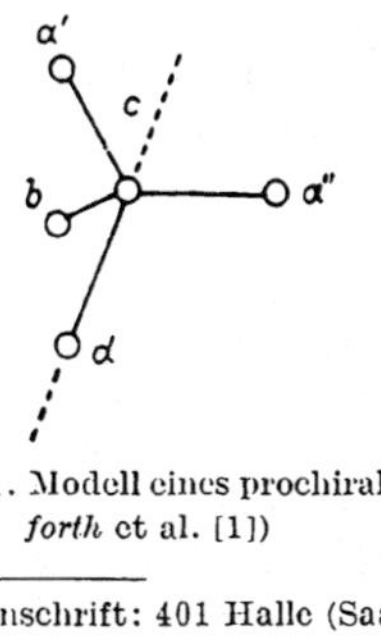

Abb. 1. Modell eines prochiralen C-Atoms Ca'a''bd (verändert nach *Cornforth* et al. [1])

Da derartige Moleküle durch Ersatz eines Substituenten a chiral werden, nennt man sie prochiral. So stellt beispielsweise das C-1 von Ethanol (I) ein prochirales Zentrum dar, in welchem

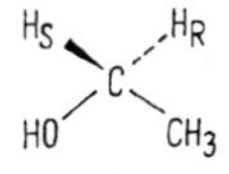

I

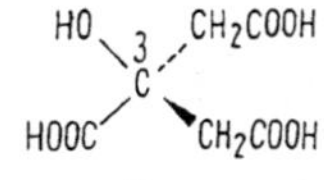

II

zwei Substituenten (Wasserstoff) identisch sind. Wird einer dieser nicht unterscheidbaren Wasserstoffe ersetzt, z. B. durch Deuterium, so ist ein chirales Zentrum am C-1 geschaffen. Wenn der als H_S (in I) bezeichnete Wasserstoff ersetzt wird, liegt die Chiralität S an C-1 vor; im anderen Fall resultiert eine R-Chiralität (zur R- und S-Nomenklatur vgl. [3]). Wenn ein Ligand (nicht nur Wasserstoff) bei Substitution S-Chiralität ergibt, heißt dieser

[1]) Anschrift: 401 Halle (Saale), Weinbergweg

pro-S-Ligand. So ist im obigen Beispiel der H_S ein pro-S-Wasserstoff an C-1 [4].

Das erste Beispiel eines Moleküls des Typs Ca′a″bd, dessen asymmetrisches Verhalten in Enzymreaktionen bekannt wurde, war Citronensäure (II) (vgl. [5]). Diese besitzt eine Spiegelbildsymmetrie, d. h. eine Ebene durch C-3; das C-3-Hydroxyl und C-3-Carboxyl schneiden das Molekül in zwei Spiegelbildhälften. Daraus folgt, daß die beiden CH_2-COOH-Gruppen geometrisch nicht äquivalent sind.

Wegen der irrigen Annahme, daß symmetrische Moleküle in enzymatischen Reaktionen gleichmäßig um ihre Symmetrieebene reagieren müßten, wurde sogar geschlossen, daß Citronensäure keine Zwischenstufe bei der α-Ketoglutarsäurebildung darstellt [6, 7]. *Ogston* hat als erster festgestellt, daß ein asymmetrischer Angriff eines Enzyms auf ein symmetrisches Molekül in einer Unterscheidung seiner zwei chemisch identischen Gruppen resultieren kann, wenn das symmetrische Substrat an drei Punkten am Enzym gebunden wird [8].

Das erste untersuchte Beispiel für die stereospezifische Reaktion eines prochiralen Zentrums war die Oxydation von NADH an C-4 durch Alkohol-Dehydrogenase [5, 9, 10]. Dabei zeigte sich, daß von den beiden Wasserstoffen des prochiralen Zentrums an C-4 jeweils nur ein sterisch definierter in die Reaktion einbezogen ist. Von der Alkohol-Dehydrogenase wird der Wasserstoff so übertragen, daß er vom Betrachter aus gesehen auf der Bildfläche liegt, er ist spezifisch auf der A-Seite des Pyridinmoleküls angeordnet (Abb. 2). Andererseits kann von gewissen Enzymen

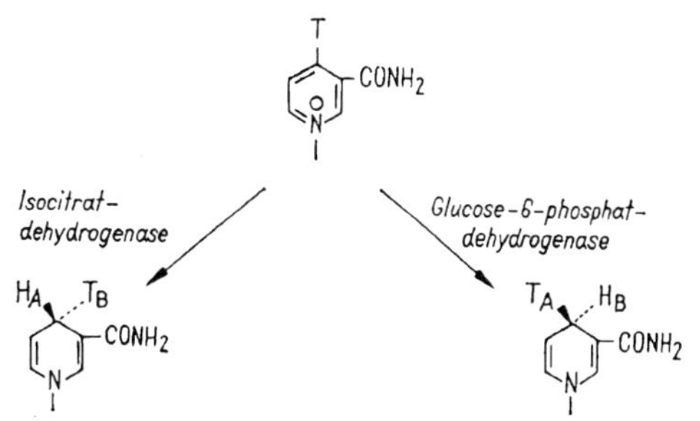

Abb. 2. Reduktion von (4-³H)-NADP⁺ durch A- und B-Seitenspezifische Dehydrogenasen in die entsprechenden NADPH-Formen

der Wasserstoff übertragen werden, der hinter der Bildfläche, auf der B-Seite, liegt. So überträgt die Isocitrat-Dehydrogenase ähnlich wie die Alkohol-Dehydrogenase spezifisch den A-Seiten-Wasserstoff, während die Glucose-6-phosphat-Dehydrogenase speziell den B-Seiten-Wasserstoff umsetzt. A-Seiten-deuteriertes bzw. -tritiiertes NADH oder NADPH hat die absolute Konfiguration 4R, die entsprechenden B-Seiten-substituierten Verbindungen die 4S-Konfiguration.

Diese stereospezifisch in Position 4 markierten reduzierten Pyridinnucleotide können hergestellt werden, indem man entweder unmarkiertes NAD^+ oder $NADP^+$ in Gegenwart eines markierten Wasserstoffdonators mit einem entsprechenden Enzym reduziert oder markiertes NAD^+ bzw. $NADP^+$ solchen Reaktionen unterwirft [11]. So erhält man (4R-4-$^3H_1$)-NADH durch Reduktion von NAD^+ mit (1-$^3H_2$)-Dimethylallylalkohol und Alkohol-Dehydrogenase. (4-^{3}H)-$NADP^+$ läßt sich durch Cyanidaustausch darstellen, indem man auf $NADP^+$ KCN, 2 N KOH und ^{3}HHO 3 h bei Raumtemperatur einwirken läßt [1, 12, 13]. Wird das Produkt mit der B-Seiten-spezifischen Glucose-6-phosphat-Dehydrogenase in Gegenwart von Glucose-6-phosphat reduziert, so bekommt man (4R-4-$^3H_1$)-NADPH [14]. Reduktion mit der A-Seiten-spezifischen Isocitrat-Dehydrogenase in Gegenwart von Isocitrat ergibt (4S-4-$^3H_1$)-NADPH. Diese stereospezifisch markierten Pyridinnucleotide haben sich zur Synthese entsprechend markierter Mevalonsäuren als bedeutungsvoll erwiesen.

Besonders intensiv ist das Problem der Prochiralität an der Mevalonsäure untersucht worden, die als Vorstufe aller Isoprenoide bekannt ist [15]. Mit Hilfe stereospezifisch durch Deuterium oder Tritium markierter Mevalonsäuren konnte gezeigt werden, daß die Biosynthesereaktionen der meisten Isoprenoidverbindungen stereospezifisch ablaufen [10, 16–20].

Die natürlich vorkommende, biologisch aktive Mevalonsäure besitzt eine 3R-Konfiguration. Zusätzlich enthält sie 3 prochirale Zentren an den Kohlenstoffatomen 2, 4 und 5. Das 3S-Enantiomere der Mevalonsäure besitzt keine biologische Wirksamkeit. An Hand der Sequenzregeln lassen sich die prochiralen Zentren der Mevalonsäure nach entsprechender R- bzw. S-Konfiguration ordnen (Abb. 3). Beim Austausch der Wasser-

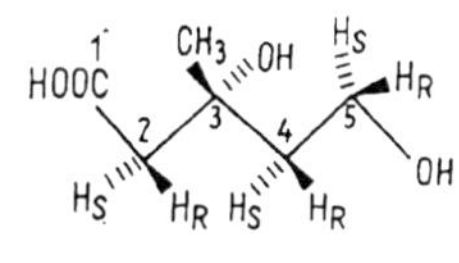

Abb. 3. 3R-Mevalonsäure

stoffatome gegen Tritium oder Deuterium bleibt die jeweilige Konfiguration erhalten. Somit ergeben sich für die natürliche 3R-Mevalonsäure 6 verschiedene Möglichkeiten der stereospezifischen Wasserstoffmarkierung, die sich aus Abb. 3 z. B. für Tritiummarkierung ohne weiteres als (3R, 5S-5-$^3H_1$)-Mevalonsäure, (3R, 5R-5-$^3H_1$)-Mevalonsäure, (3R, 4S-4-$^3H_1$)-Mevalonsäure, (3R, 4R-4-$^3H_1$)-Mevalonsäure, (3R, 2S-2-$^3H_1$)-Mevalonsäure und (3R, 2R-2-$^3H_1$)-Mevalonsäure ableiten lassen. Die genannten 6 Verbindungen sind von verschiedenen Arbeitsgruppen synthetisiert worden.

Die Synthese von (5R-5-$^3H_1$)-Mevalonsäure gelang durch Anwendung der Mevaldat-Reduktase (z. B. aus Ratten- oder Schweineleber), die die Reduktion der Aldehydfunktion an C-5 von Mevaldinsäure zur primären Alkoholgruppe von Mevalonsäure unter Mitwirkung von NADH oder NADPH katalysiert [11] (Abb. 4).

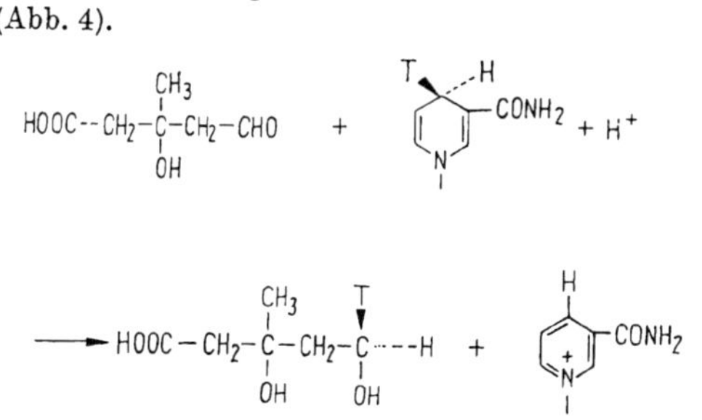

Abb. 4. Reduktion von Mevaldinsäure mit (4R-4-$^3H_1$)-NADH zu (5R-5-$^3H_1$)-Mevalonsäure nach *Donninger* und *Popjak* [8]

Tatsächlich konnte auch für die Mevaldat-Reduktase — wie oben beschrieben — ein stereospezifischer Wasserstofftransfer bewiesen werden. Und zwar wird bei dieser Reaktion von NADPH bzw. NADH der 4R-Wasserstoff übertragen, d. h., die Mevaldat-Reduktase ist hinsichtlich der Pyridinnucleotide ein A-Seitenspezifisches Enzym, wie z. B. Alkohol-Dehydrogenase. Von (4S-4-$^3H_1$)-NADPH wird kein Tritium transferiert. In Analogie zur Reduktion von Acetaldehyd zu Ethanol mit Alkohol-Dehydrogenase entstand bei der entsprechenden Reaktion mit Mevaldinsäure (5R-5-$^3H_1$)-Mevalonsäure. Da die Mevaldat-Reduktase keine Stereoselektivität hinsichtlich des C-3 von Mevaldinsäure besitzt, entsteht bei der Reduktion von 3R,S-Mevaldinsäure die 3-R,S-Mevalonsäure. Eine hohe Stereoselektivität zeigt dagegen die Mevalonat-Kinase, die lediglich das natürliche 3R-Enantiomere angreift. Setzt man für weitere

Untersuchungen das gewonnene 3R,S-Gemisch als erstes mit dieser Kinase um, so wird aus dem Präparat lediglich die (3R, 5R-5-$^3H_1$)-Mevalonsäure verwendet.

Die Bildung von (5S-5-$^3H_1$)-Mevalonsäure gelang nach mehreren Methoden. Ein Verfahren schließt sich an die soeben erwähnte stereospezifische Reduktion von Mevalonsäure an, wobei lediglich (5-^3H)-Mevaldinsäure eingesetzt wird [21]. Diese wird mit inaktivem NADH reduziert (Abb. 5). Entsprechend dem oben Ausgeführten bildet sich dabei das 5S-Isomere. (5S-5-$^3H_1$)-Mevalonsäure erhält man auch durch Reduktion von Mevaldinsäure mit Hilfe der Hydroxymethylglutaryl-CoA-Reduktase und (4R-4-$^3H_1$)-NADPH [22, 23]. Dieses Enzym beansprucht spezifisch den 4R-Wasserstoff von NADPH und ist darüber hinaus selektiv für C-3; aus 3R,S-Mevaldinsäure entsteht ausschließlich das natürliche 3R-Isomere.

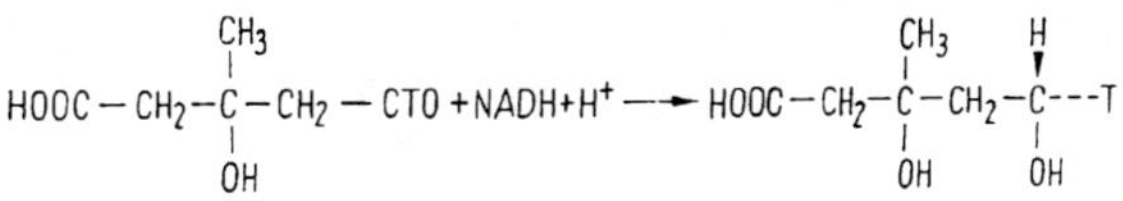

Abb. 5. Bildung von (5S-5-$^3H_1$)-Mevalonsäure nach *Scott* et al. [10]

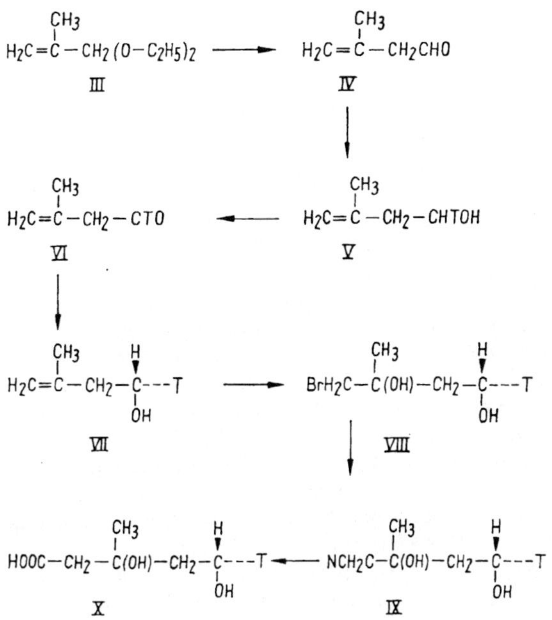

Abb. 6. Synthese von (5S-5-$^3H_1$)-Mevalonsäure nach *Cornforth* und *Ross* [11]

Eine weitere Methode [24] geht von 1,1-Diethoxy-3-methylbut-3-en (III) aus, das durch kalte wäßrige Oxalsäure zu 3-Methylbut-3-enal (IV) hydrolysiert wird (Abb. 6). Die Reduktion dieses Aldehyds durch Zugabe zu einer Tetrahydrofuranlösung von Lithiumborhydrid, das vorher mit einer äquimolaren Menge von tritiiertem Wasser versetzt worden ist, ergibt (1-^3H)-3-Methylbut-3-enol (V), das mittels Dimethylsulfoxid-Dicyclohexylcarbodiimid-Phosphorsäure zu (1-^3H)-3-Methylbut-3-enal (VI) oxydiert wird. Dieser Aldehyd erwies sich als gutes Substrat für die Alkohol-Dehydrogenase, wobei spezifisch (1S-1-$^3H_1$)-3-Methylbut-3-enol (VII) entsteht. Dieses Isopentenol (VII) wird in das Bromhydrin (VIII) und das Nitril (IX) umgewandelt, das sich zu (5S-5-$^3H_1$)-Mevalonsäure (X) hydrolysieren läßt.

Für die Synthese der stereospezifisch in Position 4 markierten Mevalonsäure wurde ebenfalls eine Kombination von chemischen und enzymatischen Methoden herangezogen [25]. Die Synthese geht aus von dem cis- und trans-Isomeren-Gemisch des Acetoxyester XI (Abb. 7). der durch Hydrolyse das Lacton XII (aus dem cis-Isomeren) und die kristalline Hydroxysäure XIII (aus dem trans-Isomeren) ergibt. Jede dieser beiden Substanzen wird in ein Benzhydrylamid überführt, das Lacton durch direkte Addition von Benzhydrylamin und die trans-Säure mit Dicyclohexylcarbodiimid als Kondensationshilfe. Auf diese Weise werden die geometrischen Isomeren XIV und XV in reiner Form erhalten. Benzhydrylamin wird als Reagens ge-

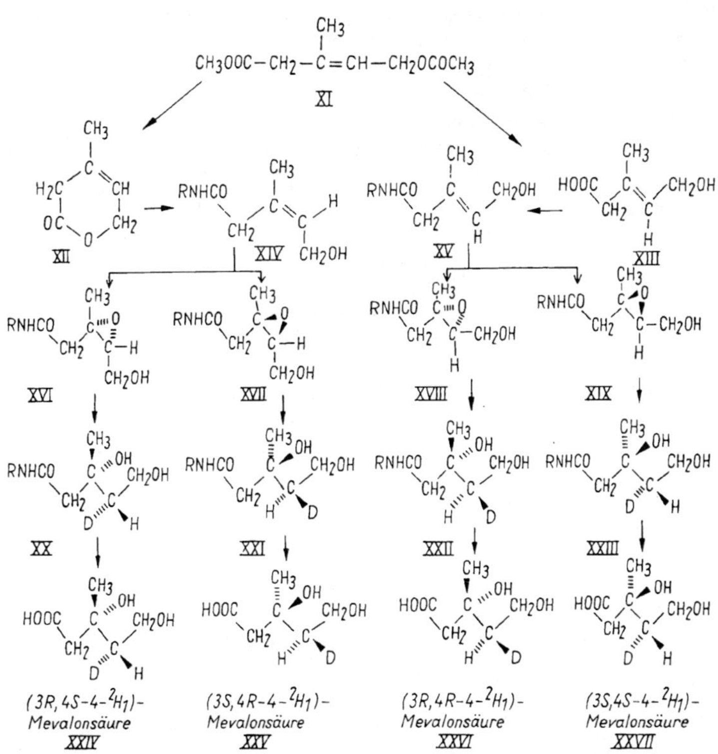

Abb. 7. Synthese von stereospezifisch in Position 4 markierten Mevalonsäuren nach *Cornforth* et al. [24]

wählt, weil die entsprechenden Amide der Mevalonsäure gut kristallisieren. Jedes dieser Benzhydrylamide wird anschließend mit Perbenzoesäure epoxydiert. Die Stereochemie der Epoxydation ist gut bekannt. Es handelt sich dabei um eine cis-Addition von Sauerstoff an die Doppelbindung. Auf dieser Stufe wird eine Asymmetrie eingeführt, so daß jedes Epoxid eine racemische Mischung von zwei Spiegelbildisomeren darstellt. XIV ergibt auf diese Weise XVI und XVII und XV wird in XVIII und XIX übergeführt.

Die Epoxygruppen werden anschließend mit deuteriertem oder tritiiertem Lithiumborhydrid reduziert, wobei von einem Sekundärtertiär-Epoxid ein tertiärer Alkohol zu erwarten ist, d. h. daß die Markierung in 4-Stellung eingeführt ist. Weiterhin stellt die Reduktion von Epoxiden durch Metallhydride eine nucleophile Addition dar, die mit einer Inversion der Konfiguration an dem Kohlenstoffatom eintritt, an dem der Wasserstoff addiert ist. Daher stellen die beiden erhaltenen Mevalonsäurebenzhydrylamide die enantiomorphen Mischungen XX und XXI bzw. XXII und XXIII dar. Hydrolyse der Benzhydrylamide ergibt die entsprechenden Mevalonsäuremischungen. Die Trennung der jeweiligen Enantiomeren geschieht wiederum durch Aktivierung der Mevalonsäure durch Mevalonat-Kinase. Dieses Enzym setzt aus einer racemischen Mischung selektiv nur die 3R-Enantiomeren um. So ist aus der racemischen Mischung XXIV—XXV, abgeleitet von dem Lacton XII, nur XXIV mit der 4S-Konfiguration enzymatisch aktiv, und aus der Mischung XXVI—XXVII, abgeleitet von der Hydroxysäure XIII, nur XXVI mit der 4R-Konfiguration. Für die Herstellung der in 2-Stellung stereospezifisch markierten Mevalonsäure wurden die in Position 4 markierten Mevalonsäuregemische herangezogen (vgl. Abb. 7), nämlich (3R, 4R-4-$^2H_1$)- + (3S, 4S-4-$^2H_1$)- sowie (3R, 4S-4-$^2H_1$)- + (3S, 4R-4-$^2H_1$)-Mevalonsäure (XXVI + XXVII und XXIV + XXV) [26] (Abb. 8). Die Synthese gelingt durch eine chemische Konversion der Carbinol- und Carboxylgruppe von Mevalonsäure, wobei die C-Atome 5 und 4 der Ausgangssäure die C-Atome 1 und 2 des Endproduktes werden und eine Inversion der Konfiguration an C-3 eintritt, d. h., die 3R-Enantiomeren werden 3S-Enantiomere und die 3S-Enantiomeren bekommen 3R-Konfiguration. Dazu werden die Mevalonsäuregemische zunächst über ihre Silbersalze in die entsprechenden Methylester umgewandelt. Als nächstes erfolgt die Oxydation der primären Alkoholgruppe zur Carboxylgruppe mit Zinkpermanganat und Aceton. Dieses Oxydationsmittel hat den Vorteil, daß die dabei entstehenden Reduktionsprodukte nicht alkalisch sind und das entstehende Zinksalz leicht abgetrennt werden kann. Der gebildete 3-Hydroxy-3-methylglutarsäuremonomethylester wird mit Lithiumborhydrid wieder zu Mevalonsäure (wie beschrieben konvertiert) reduziert. Mit Mevalonat-Kinase wird wiederum lediglich das natürliche R-Enantiomere umgesetzt.

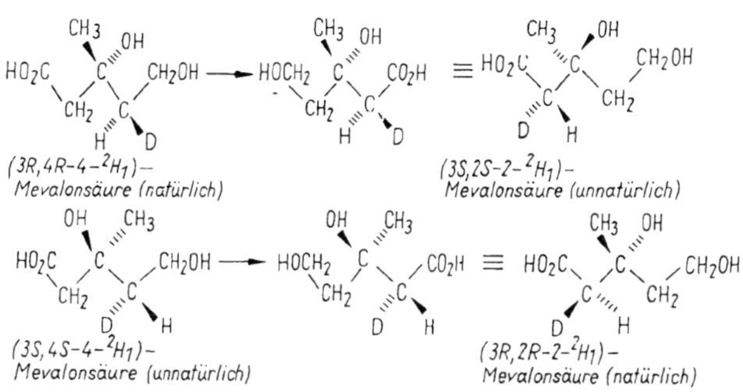

Abb. 8. Umwandlung von 4D_1-Mevalonsäure in 2D_1-Mevalonsäure nach *Cornforth* et al. [38], dargestellt am Gemisch XXVI + XXVII aus Abb. 7

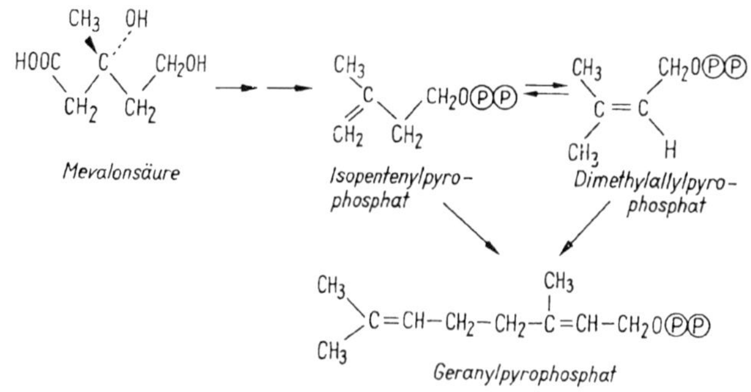

Abb. 9. Bildung von Geranylpyrophosphat

Bei den Reaktionen zur Biosynthese der verschiedenen Isoprenoidverbindungen sind die genannten drei prochiralen Zentren an C-2, C-4 und C-5 der Mevalonsäure beteiligt. Auf dem Syntheseweg zu den entsprechenden Isoprenoiden wird Mevalonsäure als erstes in ihr 5-Pyrophosphat umgewandelt, das mit ATP und Pyrophosphomevalonat-Anhydrodecarboxylase unter Decarboxylierung und Dehydratisierung Isopentenylpyrophosphat ergibt (Abb. 9). Isopentenylpyrophosphat wird dann zu Dimethylallylpyrophosphat isomerisiert. Ein Molekül Isopentenylpyrophosphat kondensiert mit einem Molekül Dimethylallylpyrophosphat zu Geranylpyrophosphat (C_{10}). Weitere Kondensationen eines Moleküls Isopentenylpyrophosphat ergeben nach demselben Reaktionstyp Farnesylpyrophosphat (C_{15}) und Geranylgeranylpyrophosphat (C_{20}). Zwei Moleküle des ersteren bilden in einer Kopf-an-Kopf-Kondensation Squalen (C_{30}), die Vorstufe der Triterpene und Steroide, und aus zwei Molekülen des letzteren (C_{20}) entsteht in einer ähnlichen Reaktion Phytoen, die Vorstufe der Carotinoide (C_{40}) [18, 20].

Durch Vergleich der Reaktionsprodukte der 3-Hydroxy-3-methylglutaryl-Coenzym-A-Synthase-Reaktion mit denen stereospezifisch markierter Mevalonsäure ließ sich feststellen, daß auch diese Synthase-Reaktion stereospezifisch verläuft [27]. Es konnte gezeigt werden, daß die Isopentenylpyrophosphat-Isomerase-Reaktion und die folgenden Kondensationen zu Geranylpyrophosphat und Farnesylpyrophosphat unter Bildung von Squalen, Phytol, Ubichinon, Plastochinon, Ergosterin und Phytoen sowie die Prenyltransferase-Reaktion, bei denen jeweils trans-Doppelbindungen entstehen, mit dem Verlust des pro-4S- und der Retention des pro-4R-Wasserstoffes der Mevalonsäure (pro-2S im Isopentenylpyrophosphat) verbunden sind [25, 28 bis 31]. Die genannten Verbindungen enthalten sämtlich all-trans-Doppelbindungen. Bei der Bildung von Substanzen mit cis-Doppelbindungen, wie Kautschuk [32] oder bestimmte Polyprenole [31, 33], wurde der Verlust des pro-4R- und die Retention des pro-4S-Wasserstoffes der Mevalonsäure festgestellt. Der spezifische Verlust des pro-4S-Wasserstoffes konnte auch für die endständigen cis-Doppelbindungen enthaltenden Verbindungen Nerol [34] und des davon abgeleiteten (+)-α-Pinen [35], für 2-cis, 6-trans-Farnesol und davon abgeleitete Sesquiterpene [36—38] sowie Abscisinsäure [39] gezeigt werden. Bei diesen Verbindungen müssen daher trans-cis-Isomerierungen vor sich gegangen sein.

Mit Hilfe von stereospezifisch an C-2 markierter Mevalonsäure konnte festgestellt werden, daß die beiden Wasserstoffe aus dem prochiralen Zentrum an C-2 der Mevalonsäure während der Umsetzung zu Isopentenylpyrophosphat ihre Individualität behalten, daß dabei eine Transeliminierung der Carboxyl- und Hydroxylgruppe stattfindet, daß die Allylgruppe an der si-si-Seite von Isopentenylpyrophosphat addiert wird und daß der Wasserstoff aus Wasser während der Isopentenylpyrophosphat-Isomerase-Reaktion an die re-re-Seite der Doppelbindung von Isopentenylpyrophosphat addiert wird [26, 40] (Abb. 9).

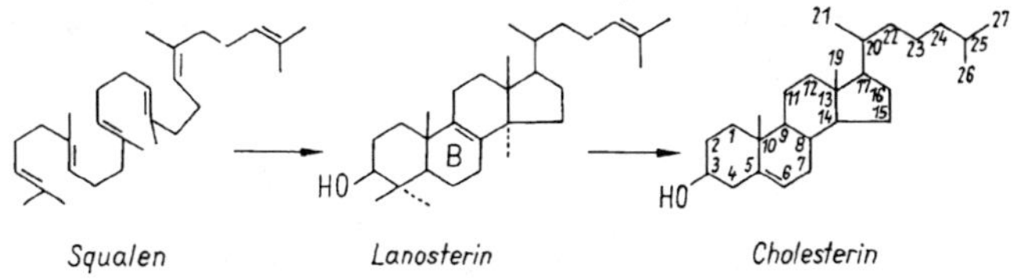

Abb. 10. Bildung von Cholesterin aus Squalen

Während der Kondensation zweier Moleküle Farnesylpyrophosphat über Presqualen zu Squalen wird von einem Molekül Farnesylpyrophosphat an C-1 der pro-S-Wasserstoff (entsprechend dem pro-5S-Wasserstoff einer Mevalonsäureeinheit) eliminiert [11]. Bei der Bildung von Phytoen, das im Gegensatz zu Squalen eine Doppelbindung im Zentrum des Moleküls enthält, wird von beiden beteiligten Geranylgeranylpyrophosphat-Molekülen an C-1 der pro-R-Wasserstoff (entsprechend dem pro-5R-Wasserstoff der Mevalonsäure) abgespalten [20].

Während der Umwandlung von Lanosterin in Cholesterin (Abb. 10) bei Tieren und während der Bildung von Pflanzensterinen aus Cycloartenol treten in Ring B eine Reihe von Transformationen auf ($\triangle^8 \rightarrow \triangle^7 \rightarrow \triangle^{5,7} \rightarrow \triangle^5$) [17, 41], wobei an C-6 und C-7 prochirale Zentren beteiligt sind. Bei der Bildung von Cholesterin in einem Rattenlebersystem wie auch bei verschiedenen Sterinen aus höheren Pflanzen und Algen wird stets der 7β-Wasserstoff aus Lanosterin (entsprechend pro-2S-Wasserstoff der Mevalonsäure) eliminiert, und der 7α-Wasserstoff (aus pro-2R der Mevalonsäure) nimmt die 7β-Position in Cholesterin ein [42–48]. Demgegenüber tritt bei der Biosynthese von Ergosterin in Hefe und von Fucosterol in Fucus spinalis eine Eliminierung des 7α-Wasserstoffs aus Lanosterin auf [45, 49]. Die Einführung der $\triangle^5$-Doppelbindung verläuft in allen untersuchten Fällen über eine cis-Eliminierung der 5α- und 6α-Wasserstoffe [44, 50–52]. Aber auch die während der Cholesterinbiosynthese ablaufenden Reduktionen an C-7 und C-24 verlaufen stereospezifisch [53, 54].

Die direkte Bildung von Cycloartenol aus Squalen, ohne die Stufe des Lanosterins zu durchlaufen, ist mit (2-^{14}C, 4R-4-$^3H_1$)-MVA bewiesen worden [55]. Beim Übergang von Lanosterin bzw. Cycloartenol in Cholesterin und Pflanzensterine tritt während der Eliminierung der 14α-Methylgruppe eine Inversion des Protons entsprechend einem pro-2R-Wasserstoff der Mevalonsäure aus der 15β-Konfiguration im Lanosterin bzw. Cycloartenol zur 15α-Orientierung in Cholesterin bzw. der Phytosterine ein [41, 48, 56–64]. Die Entstehung der in Pflanzensterinen häufig vorkommenden $\triangle^{22}$-Doppelbindung ist in einigen Fällen mit dem Verlust der 22- und 23-pro-R und in anderen (z. B. Ergosterin) mit den der 22- und 23-pro-S-Wasserstoffe (entsprechend C-2 und C-5 der Mevalonsäure) verbunden [42, 44, 51, 52, 65]. Zur Untersuchung des Mechanismus der Seitenketten-alkylierung verschiedener Phytosterine sind stereospezifisch markierte Mevalonsäuren herangezogen worden [44, 66–75]. Die C-1,2-Dehydrierung von Cholesterin als Anfangsschritt des (bakteriellen) Abbaues (z. B. in Mycobacterium phlei) verläuft über eine stereospezifische 1α, 2β-trans-diaxiale Abspaltung von Wasserstoff [76]. Weiterhin wurden mit Hilfe von stereospezifisch markierter Mevalonsäure spezielle Details der Biosynthese des Isothujons (Monoterpen) in Tanacetum vulgare [77, 78], des Tutins (Monoterpen) in Coriaria japonica [79], der Abscisinsäure (Sesquiterpen) [80], des tricyclischen Sesquiterpen-Metaboliten Culmorin in Fusarium culmorum [81], des Sesquiterpenteiles von Verrucarin [82], der Gibberellinsäure (Diterpen) [83–87], von Buxuxalkaloiden [88] sowie des Protosterins Fusidinsäure in Fusidium coccineum [89–91] untersucht. Während der Ausbildung der $\triangle^3$-Doppelbindung in (+)-Car-3-en wird der der pro-2S-Position der Mevalonsäure entsprechende Wasserstoff eliminiert [92]. Bei der Cyclisierung von Geranylfarnesylpyrophosphat zu Ophiobolin in Cochliobolus miyabeanus konnte eine stereospezifische 1,5-Wasserstoffverschiebung festgestellt werden [93, 94]. Stereospezifisch markierte Mevalonsäure wurde zur Ermittlung der absoluten Stereochemie des pilzlichen Steroidabkömmlings Wortmannin herangezogen [95].

Zur Biosynthese der Carotinoide wird das ursprüngliche Kondensationsprodukt zweier Moleküle Geranylgeranylpyrophos phat, das Phytoen, stufenweise dehydriert, wobei spezifisch die den pro-5R- und pro-2S-Positionen der Mevalonsäure entsprechenden Wasserstoffe eliminiert werden. Die Hydroxylierung von β-Carotin zu Zeaxanthin erfolgt durch Substitution der pro-3R-Wasserstoffe [20, 96–99].

Eine weitere Anwendungsmöglichkeit für stereospezifisch markierte Mevalonsäuren liegt auf dem Gebiet der isoprenoiden Indolalkaloide [100]. So konnte auf diese Weise ein detaillierter Einblick in den Mechanismus der Biosynthese von Ergolinalkaloiden bekommen werden [101]. Der Einbau von Mevalonsäure in die tetracyclischen Ergotalkaloide Agroclavin und Elymoclavin ist mit dem Verlust des pro-5R-Wasserstoffs verbunden, während der pro-5S-Wasserstoff im Laufe der komplexen Reaktion erhalten bleibt [102, 103]. Mit Hilfe stereospezifisch markierter Mevalonsäuren (Retention von pro-4R-Wasserstoff in Elymoclavin) konnte gezeigt werden, daß die Umwandlung von Dimethylallylpyrophosphat in Chanoclavin-I mit einer cis, trans-Isomerierung verbunden ist [104, 105]. Mit (2-^{14}C, 4R-4-$^3H_1$)-Mevalonsäure konnte ein intermolekularer Wasserstoff-transfer bei der Bildung des Ringes D der Ergoline nachgewiesen werden [106]. Bei der Biosynthese der monoterpenoiden Indolalkaloide und der Secoiridoide verläuft die Isopentenylpyrophosphat-Isomerase-Reaktion nach dem üblichen Schema für trans-Doppelbindungen, d. h. das pro-4R-Proton bleibt erhalten. Des weiteren wurde das Schicksal der prochiralen Wasserstoffe der Mevalonsäure in Loganin sowie den entsprechenden Indolalkaloiden untersucht [107–110].

Eingegangen am 31. 10. 1978

Literatur

[1] *J. W. Cornforth, R. H. Cornforth, C. Donninger, G. Popják, G. Ryback, G. J. Schroepfer*, Proc. Royal Soc. (London) **163B** (1966) 436

[2] *H. Hirschmann*, J. biol. Chem. **235** (1960) 2762

[3] *R. S. Cahn, C. Ingold, V. Prelog*, Angew. Chem. **78** (1966) 413

[4] *K. R. Hanson*, J. Amer. chem. Soc. **88** (1966) 2731

[5] *H. R. Levy, P. Talalay, B. Vennesland*, Progress in Stereochemistry **3** (1962) 299

[6] *E. A. Evans, L. Slotin*, J. biol. Chem. **141** (1941) 439

[7] *H. G. Wood, C. H. Werkman, A. Hemingway, A. O. Nier*, J. biol. Chem. **142** (1942) 31

[8] *A. G. Ogston*, Nature (London) **162** (1948) 963

[9] *H. F. Fisher, E. E. Conn, B. Vennesland, F. H. Westheimer*, J. biol. Chem. **202** (1953) 687

[10] *D. Arigoni, E. L. Eliel*, in: *E. L. Eliel, N. L. Allinger*, Topics in Stereochemistry **4** (1969) 127

[11] *C. Donninger, G. Popják*, Proc. Royal Soc. (London) **163B** (1966) 465

[12] *A. San Pietro*, J. biol. Chem. **217** (1955) 579

[13] *P. Sidney, P. Colowick, N. O. Kaplan*, Methods in Enzymol. **4** (1967) 840
[14] *B. K. Stern, B. Vennesland*, J. biol. Chem. **235** (1960) 205
[15] *J. W. Cornforth, R. H. Cornforth*, in [18] S. 5
[16] *H. R. Schütte*, Fortschr. Bot. **38** (1976) 129
[17] H. R. Schütte, Fortschr. Bot. **37** (1975) 133
[18] *T. W. Goodwin*, Natural Substances formed Biologically from Mevalonic Acid, Academic Press, London 1970
[19] *G. Popjak, J. W. Cornforth*, Biochem. J. **101** (1966) 553
[20] *T. W. Goodwin*, Biochem. J. **123** (1971) 293
[21] *A. I. Scott, G. T. Phillips, P. B. Reichardt, J. G. Sweeney*, Chem. Commun. 1970, 1396
[22] *P. Blattmann, J. Retey*, Hoppe-Seyler's Z. physiol. Chem. **352** (1971) 369
[23] *P. Blattmann*, J. Retey, Chem. Commun. **1970**, 1394
[24] *J. W. Cornforth, F. P. Ross*, Chem. Commun. **1970**, 1395
[25] *J. W. Cornforth, R. H. Cornforth, C. Donninger, G. Popjak*, Proc. Royal Soc. (London) **163B** (1966) 492
[26] *J. W. Cornforth, R. H. Cornforth, G. Popjak, L. Yengoyan*, J. biol. Chem. **241** (1966) 3970
[27] *J. W. Cornforth, G. T. Phillips, B. Messner, H. Eggerer*, Europ. J. Biochem. **42** (1974) 591
[28] *O. A. Dada, D. R. Threlfall, G. R. Whistance*, Europ. J. Biochem. **4** (1968) 329
[29] *T. W. Goodwin, R. J. H. Williams*, Proc. Royal Soc. (London) **163B** (1966) 515
[30] *A. R. Wellburn, K. J. Stone, F. W. Hemming*, Biochem. J. **100** (1966) 23c
[31] *K. J. Stone, F. W. Hemming*, Biochem. J. **104** (1967) 43
[32] *B. L. Archer, D. Bernard, E. G. Cockbain, J. W. Cornforth, R. H. Cornforth, G. Popjak*, Proc. Royal Soc. (London) **163B** (1966) 519
[33] *D. P. Gough, F. W. Hemming*, Biochem. J. **117** (1970) 309
[34] *D. V. Banthorpe, G. N. J. LePatourel, M. O. Francis*, Biochem. J. **130** (1972) 1045
[35] *D. V. Banthorpe, G. N. J. LePatourel*, Biochem. J. **130** (1972) 1055
[36] *E. Jedlicki, G. Jacob, F. Faini, O. Cori*, Arch. Biochem. Biophys. **152** (1972) 590
[37] *K. H. Overton, F. M. Roberts*, Chem. Commun. **1973**, 378
[38] *B. A. Achilladelis, P. M. Adams, J. R. Hanson*, J. chem. Soc. Perkin I **1972**, 1425
[39] *D. R. Robinson, G. Ryback*, Biochem. J. **113** (1969) 895
[40] *K. Clifford, J. W. Cornforth, R. Mallaby, G. T. Phillips*, Chem. Commun. **1971**, 1599
[41] *J. L. Goad*, in [18] S. 45
[42] *A. R. H. Smith, L. J. Goad, T. W. Goodwin*, Chem. Commun. **1968**, 926
[43] *E. Caspi, J. B. Greig, P. J. Ramm, K. R. Varma*, Tetrahedron Letters **1968**, 3829
[44] *J. Sliwowski, Z. Kasprzyk*, Phytochemistry **13** (1974) 1451
[45] *M. Akhtar, A. D. Rahimtula, D. C. Wilton*, Biochem. J. **117** (1970) 539
[46] *P. J. Ramm, E. Caspi*, J. biol. Chem. **244** (1969) 6064
[47] *L. Canonica, A. Fiecchi, M. Galli Kienle, A. Scala, G. Galli, E. Grossi Paoletti, R. Paoletti*, Steroids **11** (1968) 749
[48] *G. F. Gibbons, L. J. Goad, T. W. Goodwin*, Chem. Commun. **1968**, 1212
[49] *E. Caspi, P. J. Ramm*, Tetrahedron Letters **1969**, 181
[50] *L. J. Goad, G. F. Gibbons, L. M. Bolger, H. H. Rees, T. W. Goodwin*, Biochem. J. **114** (1969) 885
[51] *A. R. H. Smith, L. J. Goad, T. W. Goodwin*, Chem. Commun. **1968**, 1259
[52] *T. Bimpson, L. J. Goad, T. W. Goodwin*, Chem. Commun. **1969**, 297
[53] *E. Caspi, K. R. Varma, J. B. Greig*, Chem. Commun. **1969**, 45
[54] *J. B. Greig, K. R. Varma, E. Caspi*, J. Amer. Chem. Soc. **93** (1971) 760
[55] *H. H. Rees, L. J. Goad, T. W. Goodwin*, Biochem. J. **107** (1968) 417
[56] *G. F. Gibbons, L. J. Goad, T. W. Goodwin*, Chem. Commun. **1968**, 1458
[57] *E. Caspi, P. J. Ramm*, Tetrahedron Letters **1969**, 181
[58] *E. Caspi, J. P. Moreau, P. J. Ramm*, J. Amer. Chem. Soc. **96** (1974) 8107
[59] *L. Canonica, A. Fiecchi, M. Galli Kienle, A. Scala, G. Galli, E. Grossi Paoletti, R. Paoletti*, J. Amer. chem. Soc. **90** (1968) 3597
[60] *L. Canonica, A. Fiecchi, M. Galli Kienle, A. Scala, G. Galli, E. Grossi Paoletti, R. Paoletti*, Steroids **12** (1968) 445
[61] *E. Caspi, P. J. Ramm, R. E. Gain*, J. Amer. chem. Soc. **91** (1969) 4012
[62] *E. Caspi, J. Sliwowski, C. S. Robichaud*, J. Amer. chem. Soc. **97** (1975) 3822
[63] *J. P. Moreau, P. J. Ramm, E. Caspi*, Europ. J. Biochem. **56** (1975) 393
[64] *J. K. Sliwowski, E. Caspi*, Chem. Commun., **1976**, 196
[65] *J. M. Zander, E. Caspi*, J. biol. Chem. **245** (1970) 1682
[66] *R. K. Sharma*, Phytochemistry **9** (1970) 565
[67] *Y. Tomita, A. Uomori*, Chem. Commun. **1970**, 1416
[68] *Y. Tomita, A. Uomori*, J. chem. Soc. **1973**, 2656
[69] *P. J. Randall, H. H. Rees, T. W. Goodwin*, Chem. Commun. **1972**, 1295
[70] *W. L. F. Armarego, L. J. Goad, T. W. Goodwin*, Phytochemistry **12** (1973) 2181
[71] *C. Largeau, L. J. Goad, T. W. Goodwin*, Phytochemistry **16** (1977) 1925
[72] *J. R. Lefton, L. J. Goad, T. W. Goodwin*, Phytochemistry **14** (1975) 1523
[73] *L. M. Bolger, H. H. Rees, E. L. Ghisalberti, L. J. Goad, T. W. Goodwin*, Biochem. J. **118** (1970) 197
[74] *A. R. H. Smith, L. J. Goad, T. W. Goodwin*, Phytochemistry **11** (1972) 2775
[75] *A. R. H. Smith, L. J. Goad, T. W. Goodwin*, Phytochemistry **11** (1972) 2775
[76] *G. T. Phillips, F. P. Ross*, Europ. J. Biochem. **44** (1974) 603
[77] *D. V. Banthorpe, J. Mann, I. Poots*, Phytochemistry **16** (1977) 547
[78] *D. V. Banthorpe, O. Ekundayo, M. G. Rowan*, Phytochemistry **17** (1978) 1111
[79] *A. Corbella, P. Garibaldi, G. Jommi*, Chem. Commun., **1972**, 600
[80] *B. V. Milborrow*, Biochem. J. **128** (1972) 1135
[81] *J. R. Hanson, R. Nyfelder*, Chem. Commun. **1975**, 171
[82] *R. Achini, B. Müller, C. Tamm*, Chem. Commun. **1971**, 404
[83] *J. R. Hanson, A. Hough, A. F. White*, Chem. Commun. **1968**, 467
[84] *J. R. Hanson, A. F. White*, Chem. Commun. **1968**, 1689
[85] *J. R. Hanson, A. F. White*, Chem. Commun. **1969**, 1071
[86] *J. R. Hanson, A. F. White*, J. chem. Soc. (C) **1969**, 981
[87] *R. Evans, J. R. Hanson, L. J. Mulheirn*, J. chem. Soc. Perkin I **1973**, 753
[88] *D. Abrahamson, F. F. Knapp, L. J. Goad, T. W. Goodwin*, Phytochemistry **16** (1977) 1935
[89] *R. C. Ebersole, W. O. Godtfredsen, S. Vangedal, E. Cas'pi*, J. Amer. chem. Soc. **96** (1974) 6499
[90] *L. J. Mulheirn, E. Caspi*, J. biol. Chem. **246** (1971) 2494
[91] *E. Caspi, L. J. Mulheirn*, J. Amer. chem. Soc. **92** (1970) 404
[92] *D. V. Banthorpe, O. Ekundayo*, Phytochemistry **15** (1976) 109
[93] *L. Canonica, A. Fiecchi, M. Galli Kienle, B. M. Ranzi, A. Scala*, Tetrahedron Letters **1967**, 4657
[94] *L. Canonica, A. Fiecchi, M. Galli Kienle, B. M. Ranzi, A. Scala*, Tetrahedron Letters **1968**, 275
[95] *J. MacMillan, T. J. Simpson, S. K. Yeboah*, Chem. Commun. **1972**, 1063
[96] *T. W. Goodwin*, in: Carotenoids (*O. Isler*, ed.) Birkhäuser Verlag, Basel 1971, 577 – 636
[97] *R. J. H. Williams, G. Britton, J. M. Charlton, T. W. Goodwin*, Biochem. J. **104** (1967) 767
[98] *T. J. Walton, G. Britton, T. W. Goodwin*, Biochem. J. **112** (1969) 383
[99] *T. W. Goodwin*, Biochem. J. **128** (1972) 11P
[100] *H. R. Schütte*, Fortschr. Bot. **39** (1977) 83
[101] *H. G. Floss*, Tetrahedron **32** (1976) 873
[102] *M. Seiler, W. Acklin, D. Arigoni*, Chem. Commun. **1970**, 1394
[103] *C. I. Abou-Chaar, H. F. Günther, M. F. Manuel, J. E. Robbers, H. G. Floss*, Lloydia **35** (1972) 272
[104] *H. G. Floss, U. Hornemann, N. Schilling, K. Kelley, D. Gröger, D. Erge*, J. Amer. chem. Soc. **90** (1968) 6500
[105] *H. G. Floss*, Chem. Commun. **1967**, 804
[106] *H. G. Floss, M. Tcheng-Lin, C. Chang, B. Naidoo, G. E. Bairl, C. Abou-Chaar, J. M. Cassady*, J. Amer. chem. Soc. **96** (1974) 1898
[107] *A. R. Battersby, J. C. Byrne, R. S. Kapil, J. A. Martin, T. G. Payne, D. Arigoni, P. Loew*, Chem. Commun. **1968**, 951
[108] *C. J. Coscia, L. Botta, R. Guarnaccia*, Arch. Biochem. Biophys. **136** (1970) 498
[109] *R. Guarnaccia, L. Botta, C. J. Coscia*, J. Amer. chem. Soc. **91** (1969) 204
[110] *A. I. Scott, P. B. Reichardt, M. B. Slaytor, J. G. Sweeney*, Recent Advances Phytochem. **6** (1973) 117

Originalarbeiten

Separation of Isotopes of Lithium and Uranium by Electromigration Using Cation-Exchange Membranes

Y. Fujii, H. Kakihana, M. Okamoto, T. Oi, Y. Sakuma

(The Research Laboratory for Nuclear Reactors, Tokyo Kogyo Daigaku (Tokyo Institute of Technology) Ookayama Meguro-ku Tokyo, Japan)

Isotope separation by chromatographic electromigration has been studied for lithium (^6Li and ^7Li) and uranium (^{235}U and ^{238}U), using cation-exchange membranes as migration media. The membranes were pulled back against the direction of the movement of isotopic cations in a countercurrent manner. In both cases of the elements the lighter isotope, ^6Li or ^{235}U, was concentrated at the frontal part of a migration zone; at the extreme front the ^6Li atom % increased to 16·8% from the original value of 7·5% after 386 cm migration, and the ^{235}U atom % rose to 0·743% from the original value of 0·723% after 200 cm migration. Isotope separation coefficients were experimentally determined: $\varepsilon = (3{\cdot}7 \pm 0{\cdot}4) \times 10^{-3}$ for lithium isotopes, and two slightly different values $\varepsilon = (4{\cdot}9 \pm 1{\cdot}0) \times 10^{-5}$ and $(5{\cdot}4 \pm 1{\cdot}1) \times 10^{-5}$ for uranium isotopes. The steep isotope accumulation was observed in a narrow boundary region. A mathematical expression for the isotope accumulation curve was derived, and the slope of the curve was assessed for each experimental result.

(B 12; B 13) INIS DESCRIPTORS:

cations; electrophoresis; ion exchange chromatography; ion exchange materials; isotope separation; lithium 6; lithium 7; lithium compounds; membranes; uranium 235; uranium 238; uranyl compounds

Introduction

Since the possibility of isotope separation by means of electrolysis in aqueous solution was first suggested by *Lindemann* in 1921 [1], a number of studies have been made sucessfully or unsuccessfully. After the early work by *Kendall* [2], *Brewer, Madorsky* et al. [3—5] developed the countercurrent electromigration method in aqueous solution, and observed fairly large isotope effects in the case of potassium, chlorine and copper.

The electromigration in the aqueous solution, however, has some disadvantages: irregular flow in migration tube, remixing of separated isotopes, low current efficiency for desired isotope ions etc. To avoid these disadvantages, *Klemm, Lunden* et al. [6—8] utilized molten salts and solid salts, and found substantial separation effects for many elements. *Chemla* et al., on the other hand, carried out chromatographic electromigrations using filter paper as a medium for aqueous solution system and asbestos for molten salt system [9—11].

In previous papers two of the present authors, *Kakihana* and *Okamoto*, [12—16] indicated that an ion-exchange membrane has appropriate properties as a medium for isotope separation by electromigration. The electromigration in ion-exchange membrane is characterized by the following features if compared with the aqueous solution: (1) smaller diffusion coefficients of mobile ions, (2) negligibly small remixing by thermal convection, (3) sharp boundary between the migrating ions, (4) better current efficiency because of the fixation of opposit charge ions in resinous skelton. In the present work the effectiveness of the ion-exchange electromigration was examined for the purpose of separation of isotopes of lithium and uranium; the lightest and the heaviest metalic elements in nature.

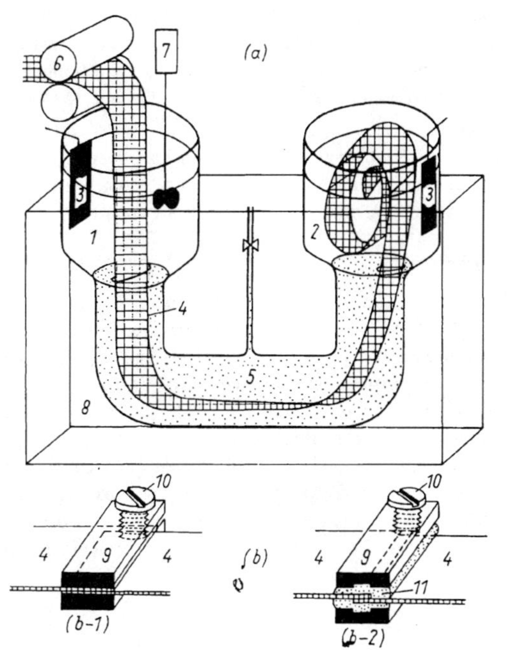

Fig. 1. The apparatus for the migration experiments; (a) migration cell, and (b) membrane connectors. Type (b-1) was used in run Li-3 and type (b-2) used in run U-2.

1 – cathode solution; 2 – anode solution; 3 – Pt electrode; 4 – cation-exchange membrane; 5 – CCl_4; 6 – take-up rollers; 7 – stirrer; 8 – thermostat bath; 9 – connector plate; 10 – screw; 11 – geratinous material

Experimental

Apparatus

The electromigration cell is shown schematically in Fig. 1 (a). Electric current passes only through the membrane strip because of the very low conductivity of CCl_4. The temperature of the bath in which the cell was immersed was kept constant at 20 °C in each experiment. Since the length of the available cation-exchange membrane was limited to 100 cm, two or more membrane strips were connected in series to make a long strip in runs Li-3 and U-2. Fig. 1(b) illustrates the membrane connector designed for this purposes.

Materials

The uranyl nitrate was prepared from reactor-grade uranium metal rods. The other chemicals used were of reagent grade. The cation-exchange membrane Aciplex CK-1 (homogeneous, strong acid type) was supplied by Asahi Chemical Industry. The membrane was pretreated and converted to H^+ form before use. The thickness of the membrane is 0·2 mm, and the width is 4 cm.

Procedure

In the case of lithium the anode compartment was filled with 1 M LiCl to supply lithium ions into the membrane. In run Li-2 the anode solution was replaced with 1 M $CaCl_2$ after formation of a 3 cm band of Li^+ ion. To avoid that the anode solution becomes acidic because of electrode reactions, lithium carbonate powder (or calcium carbonate in run Li-2) was suspended in the anode solution as a buffering agent. In the uranium experiments, uranyl nitrate solutions (0·5 M $UO_2(NO_3)_2$ in run U-1 and 0·2 M in run U-2) were filled in the anode compartment, and replaced with fresh ones several times during the migration experiment. Dilute hydrochloric acid solutions (ca. 0·2 M) were used as the cathode solutions in all runs.

By applying suitable voltages, the isotope cations were introduced into the cation-exchange membrane from the anode solution, and moved toward the cathode through the membrae. After the formation of desired length of the cation adsorption band, the membrane was pulled back very slowly to the anode side by take-up rollers at the approximately same rate as the cation movement (up to ~ 4 cm/hr) so that the length of the cation band could be kept constant throughout the course of migration.

After the desired length of migration had been attained, the cation-exchange membrane was taken out from the apparatus, washed with water, and cut into small portions.

Analysis

The lithium or uranium ion contained in each portion was extracted by 2 M HCl. In the case of lithium the resulting solutions were evaporated to dryness, and then dissolved in distilled water. A part of each sample solution was used to determine the amount of lithium by flame photometry at 673 nm and the residue of the sample solution was subjected to mass spectrometry to determine the abundance ratio of lithium isotopes. In the case of uranium the extracted uranium solution was diluted to a suitable volume. A part of each resulting solution was used for the determination of the amount of uranium by colorimetry at 390 nm with the aid of color-producting agents, 3% H_2O_2, 10% NaOH and 10% $NaCO_3$. The residue of the solution was subjected to mass spectrometry. An Atlas-Mat CH-4 mass spectrometer was used for lithium isotopes, and a Varian-Mat CH-5 for uranium isotopes.

Results and Discussion

The experimental conditions are summarized in Tab. 1. The concentration profiles of lithium or uranium ions in the cation-exchange membrane are shown in Fig. 2—6 together with the isotope profile (mole fraction of ^6Li or ^{235}U) determined by mass

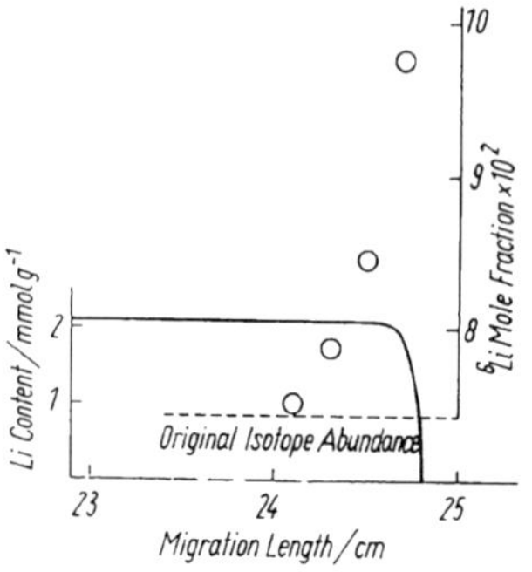

Fig. 2. Separation of lithium isotopes. The accumulation of ^6Li in the front boundary region (run Li-1). The solid line indicates the concentration profile of Li^+ ions in the membrane. ○ is ^6Li isotope composition.

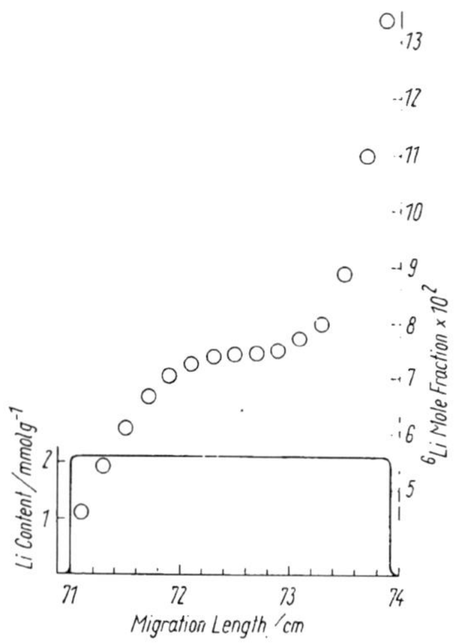

Fig. 3. Separation of lithium isotopes. ^6Li isotope composition in the lithium band after 74 cm migration, and the concentration profile of Li^+ ions in the membrane (run Li-2).

Tab. 1. Experimental Conditions

Run No.	Li-1	Li-2	Li-3	U-1	U-2
Ions Form (+)-Ions-(−) Band Width/cm	Li^+/H^+, ~ 20	$Ca^{2+}/Li^+/H^+$, (Li) 3 (Ca) 17	Li^+/H^+, ~ 20	UO_2^{2+}/H^+, 3	UO_2^{2+}/H^+ ~ 15
Current Density/A dm^{-2}	13·0	25·0	22·5	12·5	25·0
Over all Potential/V	270	600	340	600	600
Current Efficiency/%	100	100	100	ca. 60	ca. 30
Migration Time/hr	12·4	20	114	90	400
Velocity/cm hr^{-1}	2·0	3·7	3·2	0·55	0·5

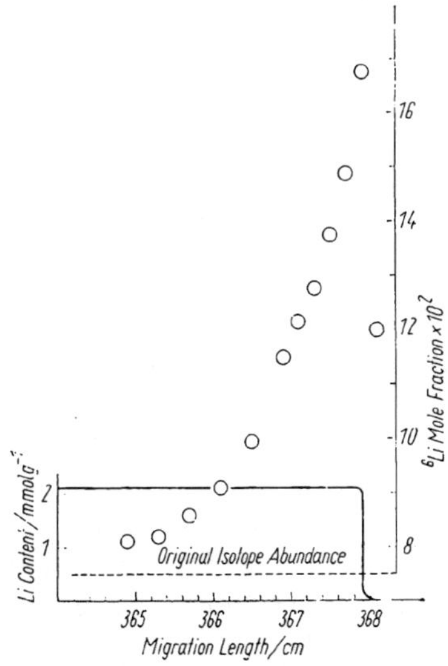

Fig. 4. Separation of lithium isotopes. The accumulation of ⁶Li in the front boundary region after 368 cm migration (run Li-3).

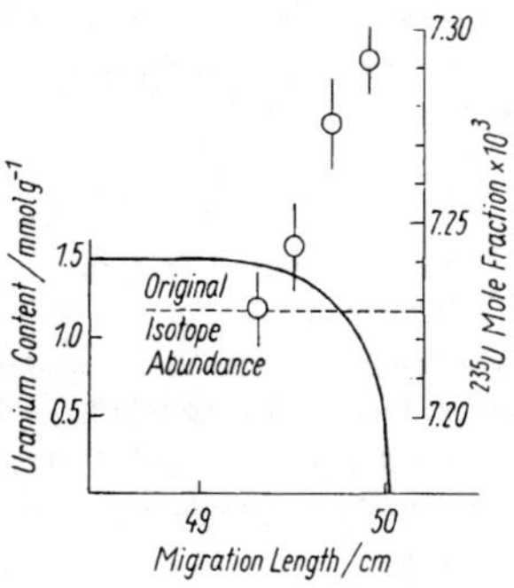

Fig. 5. Separation of uranium isotopes ²³⁵U isotope composition in the front boundary region after 50 cm migration (run U-1). The solid line indicates the concentration profile of U(VI) ions in the membrane. ϕ shows isotope analytical value and its standard deviation.

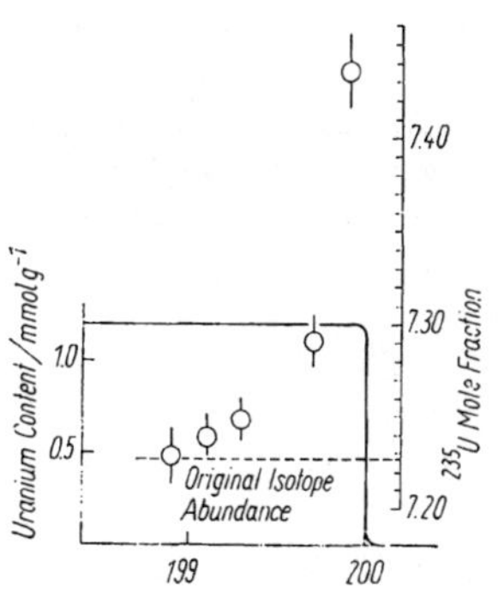

Fig. 6. Separation of uranium isotopes. ²³⁵U isotope composition in the front boundary region after 200 cm migration (run U-2).

spectrometry. The error range of the isotope analysis for uranium experiments seen in Fig. 5 and 6 indicates the standard deviation 1σ, whereas in lithium experiments those are included in the open circles themselves, shown in Fig. 2—4.

Runs Li-1, Li-2, U-1 and U-2 are breakthrough chromatographies forming only one boundary at the front of the lithium or uranium migration zone, one at the front and the other at the rear of the migration zone. As shown in Fig. 2—6, the front boundary between the leading H^+ ion and the following Li^+ or UO_2^{2+} ion is very sharp in each run. The rear boundary between Li^+ and Ca^{2+} of run Li-2 is also as sharp as the front one. The sharpness of these boundaries is probably due to the large difference in mobilities of introduced ions; the leading H^+ ion has a much larger mobility than the following Li^+ or UO_2^{2+} ion, and similarly Li^+ ion has a much larger mobility than following Ca^{2+} ion in cation-exchange resin [16]. The sharp boundaries clearly indicate that these migrations were performed in complete displacement.

In the present work, interests are focused on the two points: the magnitude of the separation coefficient of the process and the shape of the isotope accumulation curve in the boundary region.

Separation Coefficients

The isotope-separation coefficient, which is the most basic physico-chemical characteristic for a separation process, is defined as a ratio of mobilities of two isotopes in the case of electromigration process, and denoted by S. Since the mobility for species A, u_A, is expressed by $u_A = v_A/E$, where v_A is the velocity of species A, and E the electric field strength, the separation coefficient between isotope A and B is given by

$$S = v_A/v_B = 1 + \Delta v/v_{AB} = 1 + \varepsilon , \tag{1}$$

where $\Delta v = v_A - v_B$, and v_{AB} is a mean velocity of species A and B. The relative velocity ratio of isotopes (ε), which can show directly the magnitude of the separation coefficient, is experimentally determined by the following equation:

$$\varepsilon = \Sigma\, q_i(R_A^i - R_A^0)/QR_A^0(1 - R_A^0) \tag{2}$$

where Q : the sum of isotopes A and B introduced into the membrane,

R_A^0: the original mole fraction of isotope A,

R_A^i: the mole fraction of isotope A in the i-th portion numbered from the front boundary,

q_i: the sum of isotopes A and B in the i-th portion.

In band-migration experiment, the value of Q is equal to the sum of the amount of introduced isotopes and the equivalent amount of isotopes to the displacing ions, e.g. Ca^{2+} in the case of run Li-2. From Eq. (2), the "separation efficiency", $\Delta\alpha$, of the process is defined by

$$\Delta\alpha = \Sigma\, q_i(R_A^i - R_A^0) = QR_A^0(1 - R_A^0) \tag{3}$$

Equation (3) denotes that the separation efficiency is proportional to the quantities, ε, Q and $R_A^0(1 - R_A^0)$, and therefore the efficiency reaches to the maximum when R_A^0 is 0.5.

In very dilute gaseous state the isotope effect in kinetic process is given by the *Knudsen* theory and well known as the "root effect"

$$S = (M_B/M_A)^{1/2} , \tag{4}$$

where M_A and M_B are masses of the molecules including isotope A and B.

In condensed phase the activation process is certainly responsible for the kinetic isotope effect. The transition-state theory gives a clue for the estimation of isotope effect in the experimental system. In ion-exchange membrane each isotope ion successively migrate from one potential valley to the adjoining valley across a potential barrier. Here we assume that at the valley the isotope ion can move in a three-dimensional cell with a volume of l^3, and at the top of the potential barrier it loses one-dimensional movement, being confined in an area approximated

Tab. 2 Results of the electromigration experiments

Run No.	Migration Length/cm	Maximum Enrichment $R_A(L)/\%$	Separation Coefficient ε	Slope k/cm^{-1}	$A'_{cal} = \varepsilon k L R_A^0(1 - R_A^0)$
Li-1	24·8	9·7 (^6Li)	$(3·8 \pm 0·4) \times 10^{-3}$	$4·1 \pm 0·4$	$2·7 \times 10^{-2}$
Li-2	74	13·4 (^6Li)	$(3·6 \pm 0·4) \times 10^{-3}$	$4·0 \pm 0·4$	$7·4 \times 10^{-2}$
Li-3	368	16·8 (^6Li)	$(3·7 \pm 0·4) \times 10^{-3}$	$1·0 \pm 0·1$	$9·4 \pm 10^{-2}$
U-1	50	0·729 (^{235}U)	$(5·4 \pm 1·1) \times 10^{-5}$	$4·5 \pm 1·0$	$8·7 \times 10^{-5}$
U-2	200	0·743 (^{235}U)	$(4·9 \pm 1·0) \times 10^{-5}$	$3·6 \pm 1·2$	$3·6 \times 10^{-4}$

by l^2. The rate for this process is given by

$$k_r = \frac{kT}{h}\frac{F^{\neq}}{F}\exp(-E/kT)\,, \tag{5}$$

where

$$\frac{F^{\neq}}{F} = \frac{b^{\neq}}{(2\pi MT)^{1/2}\,bl}\,;$$

F and $F^{\neq}$ are partition functions of isotope ions at the valley and at the top of the potential, respectively, E is an activation energy, T absolute temperature, l a mobile distance, b and $b^{\neq}$ are vibrational terms, and k and h are *Boltzmann* and *Plank* constant, respectively. The vibrational term of the partition function of solvated isotope ion is regarded as being unchanged between the state at the valley and that at the top of the barrier, therefore $b = b^{\neq}$.

Since the mobility is proportional to k_r of each species, isotope separation coefficient for such a process is given by

$$S = \frac{k_{r,A}}{k_{r,B}} = \sqrt{\frac{M_B}{M_A}}\frac{l_B}{l_A}\cdot\exp-(E_A - E_B)/kT \tag{6}$$

In general, Eq. (6) gives the kinetic isotope effect in electromigration. It is suggested that, if solvation or any formations of different complexes occur at the activated state, the isotope effect may be found in the terms of l's and E's in Eq. (6) in addition to the terms of masses. However, the change in solvated volumes of isotope ions is usually very small, that is, l_A is approximately equal to l_B in the same type of ion-exchange membrane. Similarly, the activation energy for solvated isotope A is regarded as being equal to that for isotope B, because no change in complex formation is assumed between the states of the potential valley and top. The present system, where isotope ions are fully solvated (hydrated), corresponds to the latter case. Consequently Eq. (6) is simplified to Eq. (4).

a) *Lithium Isotopes.* The lighter isotope ^6Li was obviously concentrated at the front. The maximum value of ^6Li obtained in each experiment increases with the migration length: 9·7% ^6Li (24·8 cm), 13·4% (74 cm) and 16·8% (368 cm). On the other hand, as shown in Tab. 2, the value of ε for the experiments with different migration lengths are found to be constant within the experimental accuracy, 3·6 to $3·8 \times 10^{-3}$.

The constancy of ε for lithium isotopes is, we believe, due to the chemical stability of the Li^+ ion during the migration. As is well known, hydrolysis and complex formation scarecely occur in Li^+ form cation-exchange membrane. This characteristic of Li^+ ion is revealed by the facts that the current efficiency is always 100% in each run, and the concentration profiles of lithium ion in the membrane are in good agreement with the exchange capacity of the membrane (see Fig. 2—4): the mean capacity is 2·1 mM/g-resin for univalent ions. Lithium ions in cation-exchange membrane migrate with hydrated water molecules and with some other surrounding water molecules (electric osmosis). *N. Lakshminarayanaiah* [18] reported the water-transference number, $\bar{t}_w$, to be ten for lithium ion in a commercial cation-exchange membrane AMF C-10 which is similar type to one used in the present work; $\bar{t}_w$ is defined as the number of moles of water transferred for the passage of 1 faraday.

Although there is an uncertainty in the real value for the hydration number of lithium ion, the theoretical isotope effect can be calculated from Eq. (4), assuming the appropriate value for the hydration number. If $n = 6$ is assumed as the effective hydration number for lithium isotopes, the theoretical separation coefficient ε_{cal} obtained from Eq. (4) becomes $4·4 \times 10^{-3}$, and if $n = 7$ is assumed, ε_{cal} becomes $3·8 \times 10^{-3}$. The latter value is in good agreement with the experimentally obtained ε. In addition *Chemla* et al. [11] determined the value of the isotope separation coefficient of lithium ion in aqueous solution as $\varepsilon = 3·8 \times 10^{-3}$. If no hydration, i.e. single atom ion, is assumed, the ε_{cal} becomes 8×10^{-2}. Consequently it is concluded that the reduced value of the isotope separation coefficient is attributed to the hydration of lithium ion in cation-exchange membrane.

b) *Uranium Isotopes.* Even in the case of uranium a small but definite isotope effect was observed. As shown in Fig. 5 and 6, the lighter isotope ^{235}U was concentrated at the front of migration zone. The separation coefficients were assessed to be $5·4 \times 10^{-5}$ for run U-1 and $4·9 \times 10^{-5}$ for run U-2. The small variation between the ε's may be ascribed to the chemical instability of the uranyl ions migrating through the membrane. The concentration of uranyl ions in Fig. 5 exceeds the exchange capacity of the membrane for divalent ions (1 mM/g-resin). This fact suggests that the partial amount of uranyl ions was subjected to the hydrolysis reactions during the migration.

Utilizing the reported stability constants on hydrolysis of uranyl ion [19], we can assume $(UO_2)_2(OH)_2^{2+}$ as a predominant species in the slightly acidic state of the membrane. On the other hand the hydration number is assumed to be 7 because the same number 7 is determined for Be^{2+} and Mg^{2+} ions adsorbed in cation-exchange resin [20].

Under these assumptions, the theoretical separation coefficient between two isotopic species, $^{235}UO^{238}UO_2(OH \cdot 7\,H_2O)_2$ and $(^{238}UO_2OH \cdot 7\,H_2O)_2$, is calculated to be $\varepsilon_{cal} = 1·8 \times 10^{-3}$. This figure is one-third of the value calculated for the completely free uranyl ion ($\varepsilon_{cal} = 5·6 \times 10^{-3}$), but is still too large — about 30 to 40 times as large as the experimental values. These results suggest that only 3% of uranyl ions migrate bringing about the isotope effects, while the other 97% of the ions migrates without the effects.

Equation (6) inherently includes the concept of microscopic equilibrium between the substances at the activated and at the stable state. This equilibrium, however, may be difficult to be attained for the ions of very low mobility. In such a case, the ion at the activated state is forced to move forward by the applied potential before the attainment of the equilibrium, and thereby the activated state can reduce the isotope selectivity. This mechanism may be one reason for the above experimental results, and further discussions will be treated on the reduced isotope effects in another paper.

Accumulation Curve

In a previous paper the follogwing equation was derived as a fundamental expression for the isotope accumulation profile (referred to the "accumulation curve") obtained in an isotope migration zone [21].

$$R_A(x, t) + K = A(t) \exp(kx)\,, \tag{7}$$

where $A(t) = C \exp(k\varkappa t)$,

$R_A(x, t)$ is the mole fraction of isotope A at position x and time t, and k, C are integral constants related to both the initial, i.e. original, isotope mole fraction (R_A^0) and the separation coefficient of the system (ε). The term k represents the slope of the curve, and the term $\varkappa$ is a constant having a dimension of velocity; these two terms are given by the following equations:

$$k = (v_A - v_B)/(D_A - D_B)\,, \tag{8}$$

$$\varkappa = (v_A D_B - v_B D_A)/(D_A - D_B)\,, \tag{9}$$

where v's are velocities, D's are apparent diffusion coefficients, and subscripts A and B refer to isotope A and B respectively. If $R_A(x, t)$ deviates largely from the original value, or approaches unity (or zero), the value of v and D are no longer expected to be constant. Therefore the discussion here is limited to the enrichment of less abundant isotope e.g. ^{6}Li and ^{235}U, although the enrichment of ^{7}Li is found in the rear boundary of run Li-2.

a) *Slope of the curve.* If we confine our attention to the isotope accumulation profile near the front, Eq. (7) is rearranged employing migration length L.

$$R_A(x, t_L) + K = A(t_L) \exp(kL) \exp k(x - L) \tag{10}$$

where t_L refers to the migration time. For the sake of simplicity Eq. (10) is expressed by

$$R_A(x) + K = A' \exp k(x - L) \tag{10'}$$

where $A' = A(t_L) \exp(kL)$. The boundary condition is given by

$$R_A(x) = R_A^0 \quad \text{at} \quad x = 0\,, \tag{11}$$

and therefore

$$R_A^0 + K = A' \exp(-kL)\,. \tag{10''}$$

The term $\exp(-kL)$ is negligibly small compared with $\exp k(x - L)$ in the boundary region ($0 \ll x \simeq L$, $k > 0$). Hence,

$$R_A(x) - R_A^0 = A' \exp k(x - L)\,, \tag{12}$$

or

$$\ln [R_A(x) - R_A^0] = \ln A' + k(x - L)\,. \tag{12'}$$

In the present experiments, the starting point $x = 0$ of the medium was moved in the course of migration, in order to keep the actual width of the migration zone almost constant. However Eq. (12) is applicable so long as the migration-zone width is sufficiently long compared with the width of the effective isotope-accumulation range.

In Fig. 7 the value of $\log \left(R_A(x) - R_0^A\right)$ of ^{6}Li for runs Li-2 and Li-3 are plotted against the distance from the front of the migration zone. The linear relationships found in Fig. 7 explicitly show the validity of Eq. (12), and the slope of the lines correspond to the values of k. From these linear relationships shown in Fig. 7 the factor A' is confirmed to be constant with respect to x in each run, The A' indicates the maximum increment of isotope mole fraction at the boundary (where $x = L$):

$$A' = R_A(L) - R_A^0 \tag{13}$$

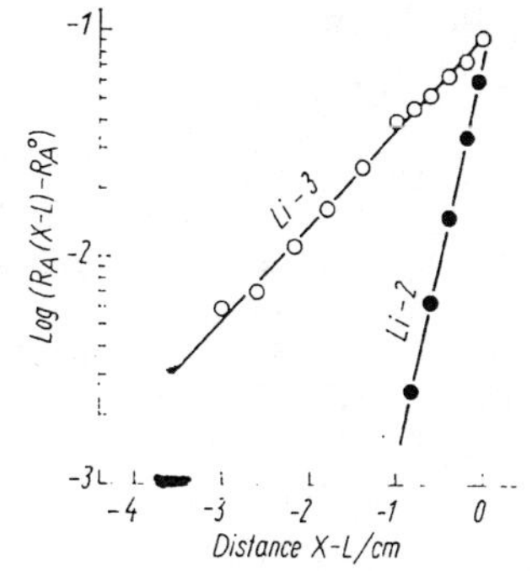

Fig. 7. The plot of increments of isotope composition, '$R_A(x - L)_A - R_A^{0}$', against the distance from the head of migration zone, $x - L$.

The values of k obtained are listed in Tab. 2; 4·1, 4·0 and 1·0 cm^{-1} for lithium, and 4·5 and 3·6 cm^{-1} for uranium. There is no significant change between the values of k for runs Li-1 and Li-2, whereas k for Li-3 is one-fourth of that for Li-1. In the case of run Li-3, three membrane connectors were employed to make a long-strip medium, but in either of run Li-1 and Li-2 such connectors were never used. These facts suggest that the value of k for run Li-1 indicates the characteristic property of the lithium ion migrating through the membrane used, and the value for run Li-3 indicates the effect of remixing which occurred in the membrane connectors.

In the case of run U-2, only one connector was used. In this case as shown in Fig. 1 (b) the connector was improved by fitting the ends of the two membrane more smoothly utilizing a gelatinous material, which may be the reason for the approximately same value of k between runs U-1 and U-2.

b) *Maximum Enrichment.* If the total concentration of isotopes is assumed to be constant in the whole region of the migration zone, Eq. (3) is rearranged employing the width of the sampled portion (Δx_i) and migration length L, where $Q = cL$, $q = c\,\Delta x$, and c is the total concentration.

$$\Sigma\,(R_A^i - R_A^0)\,\Delta x_i = \varepsilon R_A^0 (1 - R_A^0)\,L \tag{3'}$$

The summation of Eq. (3') can be calculated from the integral of Eq. (12).

$$\int_0^L A' \exp k(x - L)\,dx = \varepsilon R_A^0 (1 - R_A^0)\,L \tag{14}$$

Then the term A' is derived neglecting the small term $\exp(-kL)$ in Eq. (14):

$$A' = k\varepsilon R_A^0 (1 - R_A^0)\,L \tag{15}$$

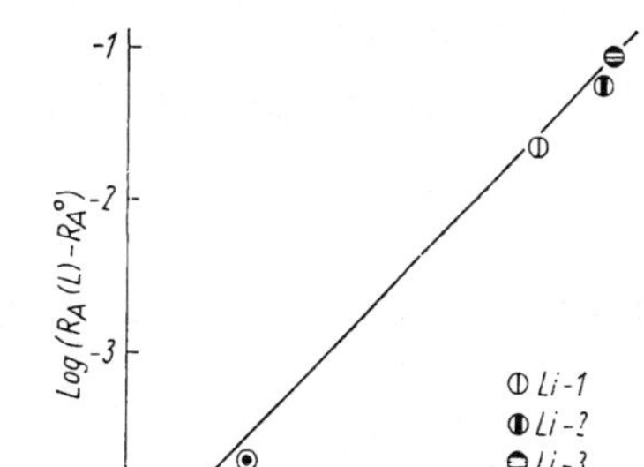

Fig. 8. The relationship between the maximum increment of isotope composition at the front boundary, $R_L(L) - R_A^0$, and the factor A'_{cal}; $A' = \varepsilon k L R_A^0 (1 - R_A^0)$. The solid line represents the relationship: $R_A(L) - R_A^0 = A'$

Combining Eqs. (13) and (15), we obtain

$$R_A(L) - R_A^0 = k\varepsilon R_A^0(1 - R_A^0)\,L \tag{16}$$

The values of A'_{cal} calculated from Eq. (15) are listed in Tab. 2. The maximum increment of isotope mole fraction at the boundary, $R_A(L) - R_A^0$, in each experiment is plotted against A'_{cal} on a log-log scale in Fig. 8. The relation of Eq. (16) is represented by the straight line in Fig. 8. According to Eq. (16) or Fig. 8, one may be able to obtaine 3% ^{235}U enrichment at the front boundary after the migration of about 150 m, if the values for k, ε, R_A^0 remain unchanged from the present values.

Conclusion

By using homogeneous cation-exchange membrane, chromatographic electromigration has been successfully applied to the separation of isotopes of lithium and uranium. The lighter isotopes of both lithium and uranium have been concentrated at the front of the migration zone. The maximum value of the lighter isotope mole fraction at the extreme front increased with the migration length. The isotope separation coefficients were determined, and found to be independent of the length of migration.

In the case of lithium, the magnitude of the separation coefficient is explained by the hydration of Li^+ ion in the membrane. In the case of uranium, however, the great discrepancy remaine between the experimental separation coefficient and the theoretical one.

A mathematical expression for the isotope accumulation profile was presented, and the values for the slope of the accumulation curve were assessed from the experimental results. The maximum increment of isotope mole fraction at the extreme front, $R_A(L) - R_A^0$, was found to be expressed by using the factors k, ε, L and R_A^0.

Acknowledgement

The authors wish to express their thanks to Mr. *D. Dickeson*, Prof. *T. Nomura* and Prof. *I. Okada* for their kind advice and to Mr. *M. Nomura* for his excellent work in the mass spectrometric analysis reported in this paper.

Received November 10, 1978

References

[1] *F. A. Lindemann*, Proc. Roy. Soc. **99a** (1921) 102
[2] *J. Kendall*, Science **67** (1928) 163
[3] *A. K. Brewer, S. L. Madorsky* et al., J. Res. Nat. Bur. Stand. **38** (1947) 137
[4] *S. L. Madorsky, S. Straus*, ibid. **38** (1947) 185
[5] *S. L. Madorsky, S. Straus*, ibid. **41** (1948) 41
[6] *A. Klemm, H. Hintenberger, P. Hoernes*, Z. Naturforsch. **2a** (1947) 245
[7] *A. Klemm*, J. Chim. Phys. **60** (1963) 237
[8] *W. Uebelhack, A. Klemm* et al., Z. Naturforsch. **22a** (1967) 1528
[9] *M. Chemla*, J. Chromatography **1** (1958) 2
[10] *M. Chemla*, Proc. Int. Symp. on Isotope Sep. 1958, p. 288
[11] *A. Bonnin, M. Chemla*, C. R. Acad. Sc. **243** (1956) 1112
[12] *H. Kakihana, M. Okamoto*, Nippon Kagaku Zasshi **84** (1963) 402 (Chem. Soc. Japan)
[13] *H. Kakihana, M. Okamoto, Y. Fijii*, Isotopenpraxis **4** (1968) 402
[14] *M. Okamoto, Y. Fujii, M. Aida, H. Kakihana*, ibid. **6** (1970) 69
[15] *H. Kakihana, M. Okamoto, H. Tomiyasu, M. Maeda, Y. Fujii*, J. Nucl. Sci. Technol. **8** (1971) 234 (Atomic Energy Soc. Japan)
[16] *H. Kakihana, T. Kanzaki, M. Okamoto, S. Yokotuka, J. Hoshi*, Nippon Kagaku Zasshi **89** (1968) 230
[17] *H. Kakihana, T. Kanzaki*, Bull. Tokyo Institute of Technology **90** (1969) 77
[18] *N. Lakshminarayanaiah, V. Subrahmanyan*, J. Phys. Cem. **72** (1968) 1253
[19] *M. Maeda, T. Amaya, H. Kakihana*, Bull. Chem. Soc. Japan **45** (1972) 2644
[20] *E. Glueckauf, G. P. Kitt*, Proc. Roy. Soc. (London) **A228** (1955) 322
[21] *H. Kakihana, T. Oi, T. Nomura*, J. Nucl. Sci. Technol. **14** (1977) 572

Methode zur Sofortbestimmung von ^{113}Sn im Eluat von ^{113}Sn/^{113m}In-Generatoren

P. Kleinert, E. Klose, E. Schumann

(Radiologische Klinik und Poliklinik der Medizinischen Akademie Erfurt)[1]

Es wird eine radiometrische Untersuchungsmethode zur Bestimmung der ^{113}Sn-Kontamination im Eluat von Sn/In-Generatoren vorgestellt. Dabei wird das ^{113}Sn über Membranfilter abgetrennt. Die Berechnung der ^{113}Sn-Konzentration erfolgt aus den in 2 Kanälen gemessenen Impulsraten von ^{113}Sn und ^{113m}In. Die Untersuchung dauert ca. 5 min.

(B 11) INIS DESCRIPTORS:

filtration; impurities; indium 113; radiation doses; radioisotope generators; radiometric analysis; tin 113

1. Einleitung

Bei der Elution von Generatoren zur Gewinnung der kurzlebigen Nuklide ^{99m}Tc und ^{113m}In liegt im Eluat neben dem Tochternuklid immer ein bestimmter Aktivitätsanteil des Mutternuklids vor. Infolge der längeren Halbwertszeit des Mutternuklids führt diese Kontamination schon bei geringen Konzentrationen zu einer erhöhten Strahlenbelastung. So kommt es bei einer Verunreinigung des Eluates mit 0,1% ^{113}Sn bei der Durchführung der Leberszintigraphie mit ^{113m}-In-Kolloid bereits zu einer zusätzlichen Strahlenbelastung dieses Organs von 70% [2].

Die ^{113}Sn-Aktivität im Eluat kann sowohl in Abhängigkeit vom Herstellungsverfahren des Generators [4, 7] als auch von den Elutionsbedingungen [4, 5] in einem größeren Bereich schwanken. Aus diesem Grund wird neben einer Prüfung des Eluates zu Beginn des Einsatzes eines neuen Generators eine fortlaufende wöchentlich 2malige Kontrolle auf ^{113}Sn empfohlen [3].

Während beim Mo/Tc-Generator die Prüfung auf einen ^{99}Mo-Durchbruch unmittelbar nach der Elution beim Vorliegen beider Nuklide nebeneinander durchgeführt werden kann, gibt es zur Zeit kein Verfahren für eine sofortige radiometrische ^{113}Sn-Bestimmung im Eluat [6]. Infolge der niedrigeren Gammaenergie

[1]) Anschrift: 506 Erfurt, Nordhäuser Straße 74

des ^{113}Sn gegenüber dem ^{113m}In, das außerdem in einem 10^3 bis 10^5fachen Überschuß vorliegt, kann die ^{113}Sn-Bestimmung frühestens 48 Stunden nach der Elution erfolgen, nachdem das eluierte ^{113m}In abgeklungen ist und ein Sn/In-Gleichgewicht vorliegt. Dadurch ist eine Überprüfung des Eluates auf einen möglichen ^{113}Sn-Durchbruch vor der Applikation des Nuklides nicht möglich.

Die empfohlenen chemischen Farbreaktionen zur Sn-Bestimmung im Eluat [1, 8] sprechen erst ab einer Konzentration von ca. 0,5 µg Sn/ml an. Das entspricht aber einer radiochemischen Konzentration des ^{113}Sn von ca. 37 kBq (1 µCi)/ml und liegt bereits im Bereich einer deutlich erhöhten Strahlenbelastung [8].

Im folgenden wird eine Methode beschrieben, die eine sofortige Bestimmung des ^{113}Sn im Eluat von Sn/In-Generatoren mit ausreichender Empfindlichkeit ermöglicht. Dabei erfolgt nach einer Abtrennung des ^{113}Sn vom Eluat durch Filtration eine weitgehende Entfernung des überschüssigen ^{113m}In und dann die gleichzeitige Aktivitätsmessung beider Nuklide nebeneinander in einem NaJ-Bohrlochkristall.

2. Material und Methoden

2.1. *Abtrennung des ^{113}Sn*

^{113}Sn ist an den Anionenaustauscher des Generators in 4wertiger Form als $(SnCl_6)^{2-}$ und $(SnCl_5)^-$ gebunden [7]. Ein Durchbruch in das Eluat kann sowohl durch das Ausschlämmen kleiner Partikel des Anionenaustauschers durch die Fritte des Generators als auch durch eine Reaktion des Elutionsmittels (0,05 N Salzsäure) mit dem Zinnkomplex auf der Säule erfolgen. Da die Sn(IV)-Chlorokomplexe bei einem p_H-Wert $> 1{,}0$ stark zur Hydrolyse neigen, ist bei dem angewandten p_H-Wert von 1,4 mit dem Vorliegen von Hydrolyseprodukten in kolloidaler Form zu rechnen.

Wir konnten feststellen, daß bei der Filtration des Eluates durch ein engporiges Papierfilter mit ca. 5 µm Porenweite (Filtrak 390, VEB Spezialpapierfabrik Niederschlag) 10 bis 30% des ^{113}Sn abgetrennt werden, während bei Verwendung eines Membranfilters von 0,2 µm Porenweite (SM 11307, Sartorius Membranfilter GmbH Göttingen) 90 bis 95% der gesamten ^{113}Sn-Aktivität vom Filter zurückgehalten werden.

Wird das Eluat durch zwei hintereinandergeschaltete Filtriervorsätze mit je einem der beiden Filtersorten gedrückt, ist eine Differenzierung der beiden Formen des ^{113}Sn-Durchbruches möglich. Ein Auswaschen des ^{113}Sn durch nachfolgende Waschprozesse mit 0,05 N Salzsäure erfolgt nicht.

2.2. *Auswaschen des überschüssigen ^{113m}In*

Durch Nachspülen mit 20–40 ml 0,05 N Salzsäure kann das überschüssige ^{113m}In zum größten Teil herausgespült werden. Ein bestimmter Restanteil wird jedoch vom Filter so stark zurückgehalten, daß er auch durch eine Vielzahl von Waschprozessen nicht entfernt werden kann. Dieser Restanteil ist vom filtrierten Gesamtvolumen unabhängig und hängt von der radiochemischen Konzentration des Eluates ab. Er beträgt 370 bis 555 kBq (10 bis 15 µCi). bei einem neuen Generator mit 925 MBq (25 mCi) ^{113m}In/10 ml. Da diese hohe Aktivität eine sofortige Messung im Bohrlochkristall nicht zuläßt, ist eine Verdünnung des Eluates vor der Filtration erforderlich. Bei einer 20 bis 40-fachen Verdünnung beträgt die Restaktivität des ^{113m}In auf dem Sterilfilter nach 2maligem Auswaschen mit 20 ml 0,05 N Salzsäure nur noch 7,4 bis 11,1 kBq (0,2 bis 0,3 µCi).

2.3. *Bestimmung von ^{113}Sn neben ^{113m}In*

Da nach der Filtration auf dem Filter neben dem ^{113}Sn trotz der Waschprozesse noch ein bestimmter Anteil ^{113m}In vorliegt, muß bei der Aktivitätsmessung dessen Überlagerung mit dem ^{113}Sn berücksichtigt werden. Beide Nuklide emittieren neben der Gammastrahlung eine Röntgenstrahlung (Tab. 1). Bei der Aufnahme des Gamma-Spektrums von frisch eluiertem ^{113m}In zeigt sich neben dem Peak bei 0,393 MeV (Kanal B) ein zweiter Peak im Bereich von 0,015 bis 0,035 MeV (Kanal A), der der durch die innere Umwandlung erzeugten Röntgenstrahlung entspricht und unter unseren Meßbedingungen 22% der im Kanal B gemessenen Impulsrate betrug (Abb. 1). Das Spektrum

Tab. 1. Zerfallsdaten von ^{113}Sn und ^{113m}In

Nuklid	^{113}Sn	^{113m}In
Zerfallsart	K-Einfang (100%)	Isomerer Übergang (100%)
Gamma-Strahlung	0,255 MeV (1,8%)	0,393 MeV (65,4%)
Röntgen-Strahlung	K-Strahlung 0,033 MeV	Innere Umwandlung (34%) K-Strahlung

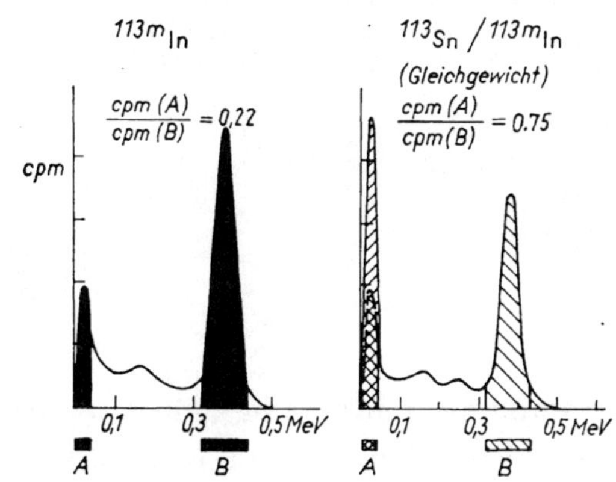

Abb. 1. Gamma-Energiespektren von ^{113m}In und $^{113}Sn/^{113m}In$-Gleichgewicht

eines $^{113}Sn/^{113m}In$-Gemisches im radioaktiven Gleichgewicht zeigt neben dem ^{113m}In-Peak im Kanal B und dem zusätzlichen Peak bei 0,255 MeV, der vom ^{113}Sn stammt, einen erhöhten Anteil im Kanal B, der durch die K-Strahlung des ^{113}Sn verursacht wird (Abb. 1). Das Verhältnis der Impulsraten von Kanal A zu Kanal B erhöht sich dabei auf 75%.

Da im radioaktiven Gleichgewicht die beiden Nuklide im Aktivitätsverhältnis 1:1 vorliegen, entspricht die zusätzliche Impulsrate im Kanal A der gleichen Aktivitätsmenge an ^{113}Sn. Auf diesem Wege läßt sich der Eichfaktor für ^{113}Sn indirekt über den Eichfaktor für ^{113m}In bestimmen. Den Eichfaktor für ^{113m}In (cpm/kBq) ermittelten wir über einen Isotopenkalibrator. Unter Berücksichtigung dieser von jedem Anwender für seine Anordnung experimentell bestimmbaren Größen läßt sich aus den in den beiden Kanälen A und B gemessenen Impulsraten die ^{113}Sn-Aktivität der ^{113m}In-haltigen Probe berechnen.

$$A_{^{113}Sn} = \frac{cpm_A - (cpm_B \cdot KF)}{EF}$$

$A_{^{113}Sn}$ = ^{113}Sn-Aktivität in kBq
cpm_A = Impulsrate Kanal A
cpm_B = Impulsrate Kanal B

KF = (Kalibrierungsfaktor), Verhältnis der Impulsraten von Kanal A: Kanal B für ^{113m}In

EF = Eichfaktor für ^{113}Sn in cpm/kBq

$$= EF_{\text{In}} \times \left[\left(\frac{cpm_A}{cpm_B}\right)_{\text{Sn/In}} - \left(\frac{cpm_A}{cpm_B}\right)_{\text{In}}\right]$$

Dabei wird von der im Kanal A gemessenen Impulsrate der vom ^{113m}In stammende Anteil subtrahiert, wobei berücksichtigt werden muß, daß dieser Kalibrierungsfaktor keine konstante Größe ist, sondern neben dem Meßvolumen auch von der ^{113m}In-Aktivität der Meßprobe abhängt. Unter unseren Bedingungen stieg der Kalibrierungsfaktor im Bereich von 3,7 bis 25,9 kBq (0,1 bis 0,7 µCi) ^{113m}In linear von 0,20 auf 0,25.

Der Eichfaktor EF für ^{113}Sn wird durch Multiplikation des Eichfaktors für ^{113m}In mit dem Differenzbetrag der Kanalverhältnisse A:B für Sn/In-Gleichgewicht und ^{113m}In berechnet.

2.4. *Methode der Sofortbestimmung*

In eine 20 ml-Spritze werden 37 MBq (1 mCi) ^{113m}In (0,5 bis 1,0 ml Eluat) aufgezogen und mit 0,05 N Salzsäure auf 20 ml aufgefüllt. Die verdünnte Nuklidlösung wird über einen Sterilfiltervorsatz durch ein Membranfilter von 0,2 µm Porenweite gegeben und anschließend 2× mit 20 ml 0,05 N Salzsäure nachgespült. Das Filter wird in ein Meßgläschen gegeben und die Impulsrate in den beiden Kanälen A und B bestimmt. Die Berechnung der ^{113}Sn-Aktivität erfolgt nach der oben angegebenen Formel.

Entsprechend einer Empfehlung des Staatlichen Amtes für Atomsicherheit und Strahlenschutz der DDR soll die ^{113}Sn-Konzentration im Eluat 7,4 kBq (0,2 µCi) ^{113}Sn/37 MBq (1 mCi) ^{113m}In nicht überschreiten.

3. Ergebnisse und Diskussion

Wir untersuchten nach dieser Methode die ^{113}Sn-Kontamination von 4 insterilen und 2 sterilen 925 MBq (25 mCi) $^{113}Sn/^{113m}In$-Generatoren über den Zeitraum eines Jahres. Ein Vergleich der gefundenen Werte mit der bisher angewandten „Abklingmethode" 48 Stunden nach der Elution ergab in allen Fällen eine Wiederfindungsrate des ^{113}Sn von 90 bis 95%. 5 bis 10% des ^{113}Sn im Eluat passieren das Membranfilter. Die gesamte Untersuchung einschließlich Berechnung dauert ca. 5 min. Die untere Nachweisgrenze beträgt 37 Bq (1 nCi) ^{113}Sn/37 MBq (1 mCi) ^{113m}In. Durch Vorschalten eines engporigen Papierfilters vor das Membranfilter kann zwischen dem ausgeschlämmten ^{113m}Sn und dem mit dem Elutionsmittel in Reaktion getretenen ^{113}Sn differenziert werden.

Eingegangen am 30. 11. 1978

Literatur

[1] *P. Bruno, O. A. Sohrsdahl, C. M. William*, Am. J. Roentgenol. **104** (1968) 762

[2] *L. G. Colombetti*, Int. J. Appl. Radiat. Isotopes **20** (1969) 717

[3] *J. F. Cooper, H. N. Wagner*, Preparation and control of ^{113m}In-radiopharmaceuticals In: Radiopharmaceuticals from generator produced radionuclides. I.A.E.A. Vienna 1971, STi/PUB/**294**, S. 83

[4] *P. Feige*, Probleme bei der Herstellung steriler Isotopengeneratoren mit einem langlebigen Mutternuklid. In: Schriftenreihe: Wissenschaftliche Tagungen in der DDR, Vortragssammlung, XI. Nuklearmedizinisches Symposium, Reinhardsbrunn 1974, S. 296

[5] *F. Hawliczek, E. Ogris*, Nuclearmedizin Stuttgart **11** (1972) 194

[6] *P. Kleinert, E. Klose*, Bestimmung von ^{113}Sn im Eluat von $^{113}Sn/^{113m}In$-Generatoren Vortrag auf dem XV. Nuklearmedizinischen Symposium, Reinhardsbrunn 1978 (nicht veröffentlicht)

[7] *N. Ramamoorthy, D. V. S. Narasimhan, R. S. Mani*, Isotopenpraxis **11** (1975) 246

[8] *S. A. Rao, R. Chandra, P. Braunstein*, Int. J. Appl. Radiat. Isotopes **27** (1976) 589

Lumineszenzautoradiographie — eine Methode zur Untersuchung von glasigem und kristallinem SiO_2

G. Boden

(AdW der DDR, Zentralinstitut für Kernforschung Rossendorf)[1])

Die nach Einwirkung von ionisierender Strahlung auf SiO_2-Spezies emittierte Lumineszenzabstrahlung kann mit Hilfe autoradiographischer Techniken und Materialien lokal registriert werden. Dabei werden Aussagen über Homogenität und Qualität von Kieselgläsern sowie über den Aufbau von Quarz-Mineralien erhalten. Je nach Eindringtiefe der ionisierenden Strahlung wird die gesamte Probe bzw. die Probenoberfläche untersucht.

(A 13) INIS DESCRIPTORS:

autoradiography; glass; ionizing radiations; microstructure; minerals; penetration depth; quartz; radioluminescence; silicon oxides; surfaces

1. Einleitung

Im folgenden soll über ein autoradiographisches Verfahren berichtet werden, bei dem die zur Registrierung benutzte Strahlung nicht aus Kernprozessen wie die α-, β- und γ-Strahlung stammt, sondern durch Prozesse hervorgerufen wird, die in der Elektronenhülle ablaufen. Durch Bestrahlen von Festkörpern mit ionisierender Strahlung, z. B. α-, β-, γ-, Röntgen- oder Elektronenstrahlung werden — wenn das Energiebändermodell (Abb. 1) zugrunde gelegt wird [1] — Elektronen aus dem Valenzband bzw. den Aktivatorniveaus in das Leitungsband gehoben. Ein im Valenzband gebildetes Loch fängt ein Elektron von A ein (Prozeß 3). Die in das Leitungsband gehobenen Elektronen (Prozesse 1, 2, 8) können sich entweder frei bewegen (elektronische Leitfähigkeit, Prozesse 4, 9), in einen unbesetzten Aktivatorterm übergehen (Lumineszenzstrahlung, Prozesse 5, 10) oder vom Festkörper emittiert werden (Exoelektronenemission, Prozesse 6, 11). Ein Teil der Elektronen fällt in Haftstellen (Prozeß 7), die durch Zuführung einer Stimulierungsenergie wieder entleert werden können (Prozeß 8). Dieses für kristalline Festkörper aufgestellte Bändermodell gilt für die amorphen Gläser jedoch nur angenähert.

[1]) 8051 Dresden, PSF 19

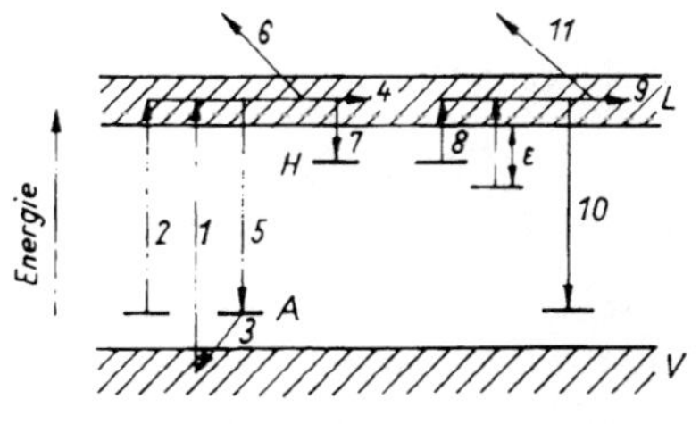

Abb. 1. Energieniveauschema zur Lumineszenz

An bestrahlten SiO_2-Spezies tritt vor allem eine Lumineszenzemission auf, deren Quanten eine Energie von etwa 10 bis 10^2 eV aufweisen (sichtbarer und ultravioletter Spektralbereich). Die Abstrahlung der Lumineszenz erfolgt nun oft nicht gleichmäßig über die gesamte Probe, sondern mit lokal unterschiedlicher Intensität. Die damit verbundene lokal unterschiedliche Schwärzung von fotographischem bzw. autoradiographischem Material kann zur Untersuchung und Charakterisierung dieser Proben herangezogen werden. Die Bezeichnung „Lumineszenzautoradiographie" soll dabei auf die besondere Art der Autoradiographie hinweisen.

2. Lumineszenzautoradiographie an kompakten Kieselgläsern

Kieselglas, früher auch als Quarzglas bezeichnet, kann einmal aus kristallinem Quarz (Bergkristall) bei Temperaturen um 1750 °C erschmolzen werden (Kieselglas aus Bergkristall) und kann zum anderen durch Flammenpyrolyse aus Siliziumtetrachlorid oder siliziumorganischen Verbindungen im Knallgasgebläse bzw. im Sauerstoffplasma hergestellt werden (synthetisches Kieselglas). Im Gegensatz zum synthetischen Kieselglas weist das aus Bergkristall erschmolzene Kieselglas Schlieren auf, deren Anzahl und Anordnung durch die Technologie des Herstellungsprozesses bedingt sind und die als Erb- oder Reliktstrukturen des kristallinen Ausgangsmaterials aufgefaßt werden können. Diese Schlieren können nun mit Hilfe der Lumineszenzautoradiographie nachgewiesen und lokalisiert werden [2].

Durch Bestrahlen von Kieselgläsern mit Röntgenstrahlung (Beschleunigungsspannung: 190 kV, Dosis: 200 Gy), wobei im allgemeinen eine Amethystfärbung der Probe beobachtet wird, werden die Gläser zur Lumineszenzabstrahlung angeregt. Diese Lumineszenzabstrahlung findet bei Kieselgläsern bereits bei 20 °C statt, im Gegensatz zu Silikatgläsern, bei denen für eine Lumineszenzemission Temperaturen von mindestens 100 °C notwendig sind. Durch Kontaktierung mit UV-sensibilisierten Photoplatten, z. B. des Typs UV-2, kann die Lumineszenzabstrahlung lokal registriert werden. Die Kontaktierungszeit beträgt dabei unmittelbar nach der Bestrahlung einige Minuten und verlängert sich für nachfolgende Kontaktierungen nach einem exponentiellen Zeitgesetz.

Abb. 2 zeigt die Lumineszenzautoradiographie eines nach dem Wälzverfahren hergestellten Kieselglasstabes, wobei die Proben senkrecht zur Wälzrichtung geschnitten wurden. Die sichtbaren konzentrischen Kreise dokumentieren Ungleichmäßigkeiten in der Herstellungsweise, wie z. B. abweichende Schmelztemperatur, Aufschmelzverhalten und Wälzgeschwindigkeit. In Abb. 3 ist die Lumineszenzautoradiographie einer Kieselglasprobe wiedergegeben, bei der die Bergkristallkörner vertikal aufgeschmolzen wurden. Dieses Aufschmelzverhalten dokumentiert sich in der entsprechenden lokalen Verteilung der Lumineszenz. Abb. 4 gibt die Lumineszenzautoradiographie eines maschinengezogenen Kieselglasrohres wieder, bei der ein Makro-Autoradiographiefilm des Typs AF4 nach der Bestrahlung um das Rohr gewickelt wurde. Die parallel zur Ziehrichtung ausgeprägten Ziehtexturen geben Auskunft über das Aufschmelzen des Ausgangsmaterials und eventuelle Störungen des Ziehprozesses.

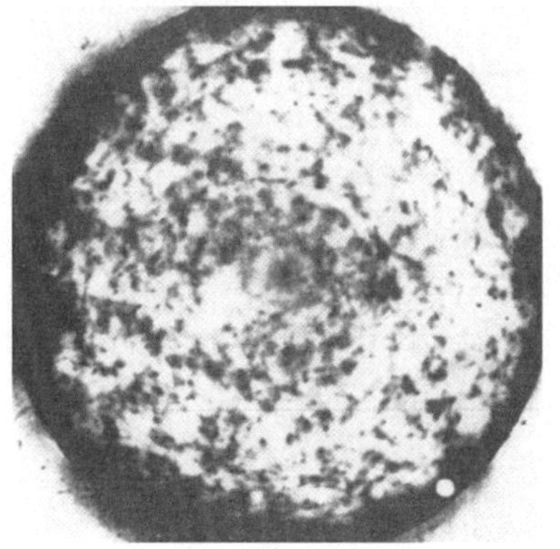

Abb. 2. Lumineszenzautoradiographie einer nach dem Wälzverfahren hergestellten Kieselglasprobe (Vergrößerung 3fach)

Abb. 3. Lumineszenzautoradiographie einer nach dem Aufschmelzverfahren hergestellten Kieselglasprobe (Vergrößerung 2fach)

Abb. 4. Lumineszenzautoradiographie eines maschinengezogenen Kieselglasrohres (Maßstab 1:1,5)

3. Lumineszenzautoradiographie an der Oberfläche von Kieselgläsern

Es ist mit Hilfe der Lumineszenzautoradiographie möglich, einmal das Probenvolumen und zum anderen oberflächennahe Bereiche der jeweiligen Proben zu untersuchen. Dazu ist es erforderlich, die Proben mit ionisierender Strahlung entsprechender Eindringtiefe zu bestrahlen. In Tab. 1 sind einige Eindringtiefen in Abhängigkeit von Art und Energie der ionisierenden Strahlung angegeben.

Tab. 1. Eindringtiefen ionisierender Strahlung in Kieselglas für verschiedene Strahlenarten und Energien

Strahlung	Energie	Eindringtiefe
γ, X	10 keV	durchdringend
β, e	1 MeV	1,8 mm
	600 keV	1,0 mm
α	25 MeV	30 μm
	2 MeV	5 μm
Ionen He^+	50 keV	340 nm
B^+	50 keV	200 nm
P^+	50 keV	60 nm
Cu^+	50 keV	6 nm

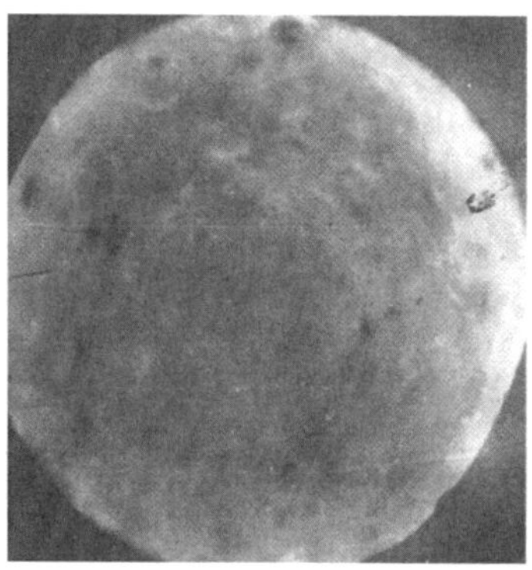

5a

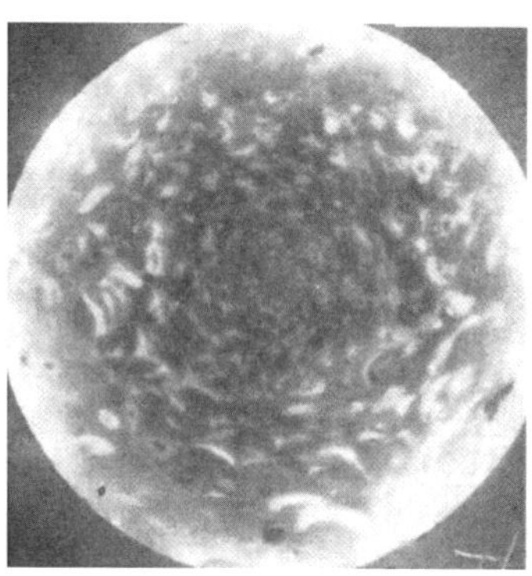

5b

Abb. 5. Lumineszenzautoradiographien einer mit Röntgenstrahlen (a) bzw. mit Elektronenstrahlen (b) angeregten Kieselglasprobe (natürliche Größe)

Abb. 5 stellt die Lumineszenzautoradiographien einer 20 mm dicken Kieselglasprobe gegenüber, die einmal mit Röntgenstrahlung (190 kV, 1000 Gy) und zum anderen mit Elektronenstrahlung (1 MeV, 200 kGy) bestrahlt wurde. Es ist erkennbar, daß beide Arten der Strahlungsanregung ein prinzipiell ähnliches Lumineszenzbild in Form einer konzentrischen Schlierenanordnung hervorrufen, jedoch die Elektronenanregung gegenüber der Röntgenanregung aufgrund der nur aus oberflächennahen Schichten stammenden Lumineszenzstrahlung eine deutlichere und kontrastreichere Schwärzungsverteilung aufweist.

Abb. 6 zeigt die Lumineszenzautoradiographie einer mit α-Strahlung (Zyklotron des ZfK Rossendorf, 10 MeV, 4 kGy) angeregten sehr inhomogenen und mit ausgeprägten Schlieren behafteten Kieselglasprobe. Die Aufschmelzgrenzen der Quarz-

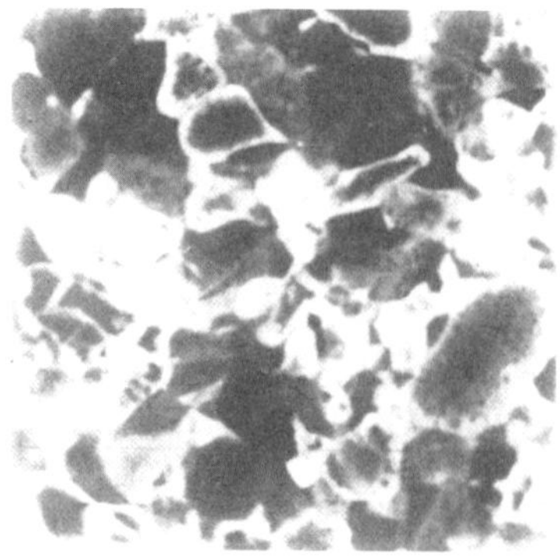

Abb. 6. Lumineszenzautoradiographie einer mit α-Strahlen angeregten sehr inhomogenen Kieselglasprobe (Vergrößerung 3fach)

körner – vergleichbar mit den Korngrenzen bei kristallinen Festkörpern – sind deutlich zu erkennen. Aus der unterschiedlichen Schwärzung der einzelnen Bereiche können Rückschlüsse auf den Einschmelzgrad des Quarzes und auf die Qualität des Glases gezogen werden. Kieselgläser mit so ausgeprägten Inhomogenitäten, wie in Abb. 6 dargestellt, sind für einen Einsatz in optischen Hochleistungsgeräten nicht geeignet, da das Licht an den Korngrenzen besonders stark gestreut wird.

4. Lumineszenzautoradiographie an Quarzkristallen und SiO_2-haltigen Mineralien

Lumineszenzautoradiographische Untersuchungen an Kristallen und Gesteinen sind bereits in der Literatur beschrieben worden, wobei die Bezeichnung für diese Methode in nahezu jeder Publikation eine andere ist. Mit Hilfe von „Kontaktkopien" haben *Alter* et al. [3] sowie *Härtwig* et al. [4] Aussagen zum Wachstum von Quarzeinkristallen sowie zum Einbau von Aluminiumfremdatomen in bevorzugte Positionen gemacht. Eine erhöhte Aluminiumkonzentration ruft im allgemeinen eine verstärkte Schwärzung der Photoplatte hervor.

Des weiteren untersuchten *Colucci* [5] mit der „Thermolumineszenzphotographie" Feldspäte, *Roberts* und *Graves* [6] mit der „Autoluminographie" Feldspäte und Fluorite sowie *Stacy* et al. [7] mit der „Fluoreszenz- und Thermolumineszenztopographie" einen abseits liegenden Typ der hier behandelten Materialien, die Gadolinium-Gallium-Garnets. Allen Untersuchungen ist gemeinsam, daß die Probe nach einer Röntgen- oder γ-Bestrahlung mit dem Photomaterial in Kontakt gebracht und auf diese Weise die Lumineszenzverteilung über die Probe lokal registriert wird.

In Abb. 7 ist die Lumineszenzautoradiographie eines Achats angegeben. Im Zentrum des Achats befindet sich ein Hohlraum. Die Schwärzung in der mittleren Region ist auf Quarzkristalle zurückzuführen, deren Korngrenzen z. T. sichtbar sind. Daran schließt sich ein Gebiet mikrokristalliner Kieselsäure (Chalcedon) an, das nicht lumineszíert. Außerhalb des Achats sind im umgebenden Gestein (Quarzporphyr) zahlreiche kleine Quarzkristalle eingebettet, die stark lumineszieren.

Abb. 8 gibt die Lumineszenzautoradiographie eines Quarzkristalls (willkürlicher Schnitt) wieder. Deutlich sind die relativ großflächigen Gebiete unterschiedlicher Schwärzung zu erkennen. Die stark geschwärzte Fläche ist dabei noch von zwei etwas helleren Streifen durchzogen. Der bestrahlte Quarzkristall weist in den Gebieten, die die starke Lumineszenzschwärzung hervorrufen, auch eine intensivere Verfärbung (Braunfärbung) als in den Gebieten geringerer Lumineszenzschwärzung auf.

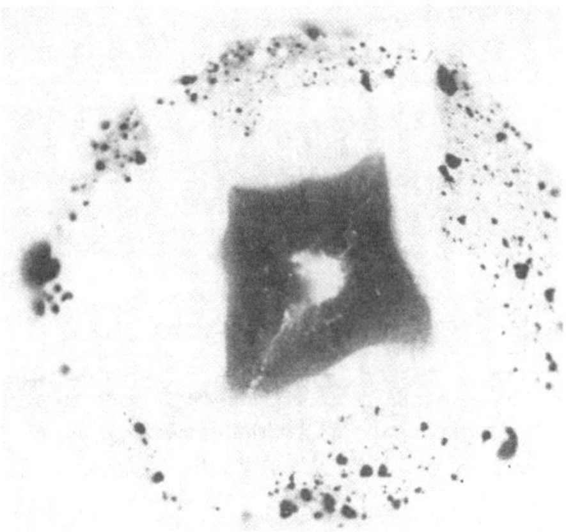

Abb. 7. Lumineszenzautoradiographie eines Achats (natürliche Größe)

Abb. 8. Lumineszenzautoradiographie eines Quarzkristalls (willkürlicher Schnitt; natürliche Größe)

5. Auswertung der Lumineszenzautoradiogramme

Eine einfache visuelle Methode zur qualitativen bzw. halbquantitativen Auswertung der Lumineszenzautoradiogramme besteht darin, diese vor einem Lichtkasten zu betrachten und die Schwärzungsunterschiede zu registrieren, auszuzählen und ihrer Form nach zu charakterisieren. Quantitativ können die Autoradiogramme mit einem Photometer (z. B. Schnellphotometer GO II vom VEB Carl Zeiss Jena), dem Automatischen Bildverarbeitungssystem (ABVS) mit Kleinrechner KRS 4200 vom VEB Robotron Dresden [8] bzw. dem am Zentralinstitut für Isotopen- und Strahlenforschung Leipzig entwickelten Gerät Densitron [9] ausgewertet werden. Das ABVS zerlegt dabei ein Meßfeld von 24 mm × 96 mm in 1200 × 4800 Bildpunkte, die dann in 32 Transparenzstufen eingeteilt werden. Beim System Densitron werden die Schwärzungsstufen in 6 Farben transformiert und die Flächenanteile der Äquidensiten elektronisch ausgewertet.

Es ist natürlich auch möglich, die Lumineszenzintensität der bestrahlten Proben integral mit einem Photosekundärelektronenvervielfacher zu messen. Dabei erhält man z. B. an Kieselgläsern vergleichende Angaben zur Homogenität [10].

Zusammenfassend kann gesagt werden, daß die Lumineszenzautoradiographie eine Methode ist, mit deren Hilfe man sich relativ schnell und ohne größeren Aufwand einen Überblick über die Verteilung der Lumineszenzintensität von verschiedenen glasigen und kristallinen SiO_2-Spezies verschaffen und damit Hinweise auf Aufbau, Struktur und Zusammensetzung der jeweiligen Probe erhalten kann.

Eingegangen am 6. 11. 1978

Literatur

[1] *F. Müller, W. Stolz,* Isotopenpraxis 8 (1972) 161

[2] *G. Boden, W. Nowak,* DDR-Patent 121185 v. 29. 9. 75/12. 7. 76

[3] *U. Alter, A. Christoph, D. Poppendieck, B. Wagner,* Kristall und Technik **12** (1977) 617

[4] *J. Härtwig, B. Dietrich, R. Böttger, G. Lübke,* Kristall und Technik **13** (1978) 57

[5] *S. L. Colucci,* Amer. Mineralogist **55** (1970) 1797

[6] *H. H. Roberts, W. E. Graves,* J. Sedimentary Petrology **42** (1972) 146

[7] *W. T. Stacy, R. Metselaar, P. K. Larsen, A. Bril, J. A. Pistorius,* Appl. Phys. Letters **24** (1974) 254

[8] Informationsblatt über das Automatische Bildverarbeitungssystem, VEB Kombinat Robotron Dresden

[9] *H. Baumbach, G. Hartmann, K. Freyer, K. Renker,* Isotopenpraxis 9 (1973) 413

[10] *G. Boden,* Silikattechnik 28 (1977) 341

Über die Anwendung einer 2-Detektor-Methode für relative Aktivitätsmessungen mittels Zylinderionisationskammern

H. Greupner, K. Groche

(Amt für Standardisierung, Meßwesen und Warenprüfung (ASMW) Fachabteilung Ionisierende Strahlung)[1])

Zur Reduzierung von geometrisch bedingten Meßfehlern bei relativen Aktivitätsmessungen im begrenzten Raumwinkel nach der Substitutionsmethode wurde eine 2-Detektor-Methode erprobt. Als Detektor dienten zwei nahezu identisch aufgebaute, liegende Zylinderionisationskammern. Es wurden Untersuchungen zum Einfluß des Abstandes Strahlungsquelle — Detektor bei dieser Methode durchgeführt.

Die erhaltenen Meßergebnisse liegen innerhalb der Meßgenauigkeit auf einer theoretisch berechneten Kurve, die die reduzierte Abstandsabhängigkeit bei der 2-Detektor-Methode beschreibt. Es konnte gezeigt werden, daß bei einem Detektor—Detektor-Abstand von 1000 mm eine Änderung der Lage der Strahlungsquelle um ±8 mm aus der Mitte in Richtung eines der Detektoren eine Änderung des Ionisationsstromes von nur ca. 1‰ hervorruft.

(E 41; D 15) INIS DESCRIPTORS:

accuracy; configuration; counting techniques; distance; errors; ionization chambers; sensitivity

1. Einleitung

Bei relativen Aktivitätsmessungen im begrenzten Raumwinkel nach der Substitutionsmethode beeinflussen sowohl die Genauigkeit der Positionierung der zu vergleichenden Strahlungsquellen als auch die Bestimmung ihres „effektiven Strahlungszentrums" maßgeblich die erzielbare Genauigkeit der Messungen. Die genannten Faktoren wirken sich besonders dann stark aus, wenn die Strahlungsquellen unterschiedliche geometrische Form besitzen. Man versucht diese Schwierigkeiten zu umgehen, indem man den Abstand Strahlungsquelle—Detektor möglichst groß wählt. Dabei muß jedoch eine Verschlechterung des Meßeffekt-Nulleffekt-Verhältnisses in Kauf genommen werden, was bei der Bestimmung kleinerer Aktivitätswerte wiederum eine erhebliche Genauigkeitseinbuße bedingen kann.

Valkonen und *Kantele* [1] beschreiben eine 2-Detektor-Methode für den relativen Aktivitätsvergleich mittels Szintillationszähler, mit der es möglich ist, den Einfluß der o. g. Fehlerursachen wesentlich zu verringern.

Im folgenden wird die Anwendung der 2-Detektor-Methode auf relative Aktivitätsmessungen mit liegenden Zylinderionisationskammern, wie sie u. a. im ASMW angewendet werden, beschrieben.

2. Prinzip der Methode

In Abb. 1 ist die Meßanordnung mit den nach der 2-Detektor-Methode angeordneten Ionsiationskammern schematisch dargestellt. Die Verringerung des Einflusses der o. g. Geometriefehler beruht darauf, daß die Änderung des Signals in dem einen Detektor, die durch eine Verschiebung des „effektiven Strahlungszentrums" in x-Richtung hervorgerufen wird, durch die damit verbundene Änderung in dem anderen Detektor bei einer Summierung der Ionisationsströme zu einem großen Teil kompensiert wird. Unter der Annahme des quadratischen Abstandsgesetzes erhält man für die Ionsiationsströme in den beiden Ionisationskammern

$$I_1 = A \cdot \varepsilon_1 \cdot F_1 \cdot \frac{1}{4\pi(x_0 + \Delta x)^2} \quad (1)$$

$$I_2 = A \cdot \varepsilon_2 \cdot F_2 \cdot \frac{1}{4\pi(x_0 - \Delta x)^2} \quad (2)$$

mit A : Aktivität der zu messenden Strahlungsquelle
x_0 : Abstand Detektor-Strahlungsquelle
Δx : Abstandsänderung
$\varepsilon_{1,2}$: Nachweisempfindlichkeiten für die Ionisationskammern 1 und 2
$F_{1,2}$: Strahleneintrittsfläche der Ionsiationskammern 1 und 2

Um den Einfluß einer Abstandsänderung Δx auf den Ionisationsstrom I zu berechnen, wird das Verhältnis $\frac{I(x + \Delta x)}{I(x)} = i$ gebildet.

Für eine Meßanordnung mit einem Detektor ergibt sich aus den Gleichungen (1) und (2)

$$i_1 = \left(\frac{x_0}{x_0 + \Delta x}\right)^2 \quad (3)$$

[1]) Anschrift: 1026 Berlin, Wallstr. 16

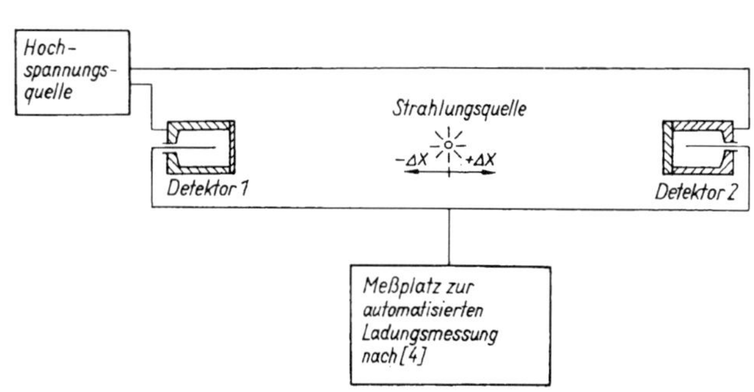

Abb. 1. Prinzipbild der Methode

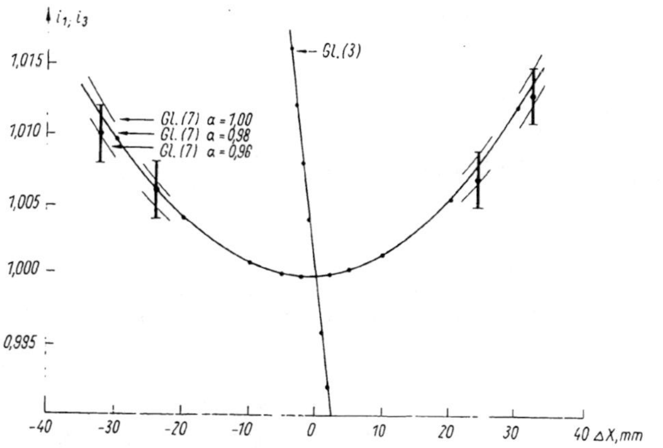

Abb. 2. Theoretischer und experimentell ermittelter Verlauf der Abstandsabhängigkeit des Ionisationsstroms

Der Verlauf der Funktion i_1 ist für $x_0 = 500$ mm in Abb. 2 dargestellt.

Für eine Meßanordnung mit zwei Detektoren ergibt sich, ebenfalls unter Benutzung der Gleichungen (1) und (2)

$$i_2 = \frac{I(x_0 + \Delta x)}{I(x_0)} = \frac{I_1(x_0 + \Delta x) + I_2(x_0 - \Delta x)}{I_1(x_0) + I_2(x_0)}$$

$$= \frac{\varepsilon_1 F_1 (x_0 + \Delta x)^{-2} + \varepsilon_2 F_2 (x_0 - \Delta x)^{-2}}{x_0^{-2}(\varepsilon_1 \cdot F_1 + \varepsilon_2 \cdot F_2)} \qquad (4)$$

Für identisch aufgebaute Ionisationskammern, d. h. $F_1 = F_2$ und $\varepsilon_1 = \varepsilon_2$, und für $\Delta x \ll x_0$ erhält man die Näherung

$$i_2 = 1 + 3\left(\frac{\Delta x}{x_0}\right)^2 + \ldots \qquad (5)$$

Da sich völlig identisch aufgebaute Ionsiationskammern nicht realisieren lassen, erhält man mit $\varepsilon_1 = a\varepsilon_2$ und $F_1 = F_2$ die bessere Näherung

$$i_3 = \frac{a(x_0 + \Delta x)^{-2} + (x_0 - \Delta x)^{-2}}{(1 + a)\, x_0^{-2}}$$

$$= 1 + 2\,\frac{(1 - a)}{(1 + a)}\left(\frac{\Delta x}{x_0}\right) + 3\left(\frac{\Delta x}{x_0}\right)^2$$

$$+ 4\,\frac{(1 - a)}{(1 + a)}\left(\frac{\Delta x}{x_0}\right)^3 + \ldots \qquad (6)$$

Für die hier verwendete Meßanordnung wurde $a = 0{,}98 \pm 0{,}02$ experimentell ermittelt. Mit diesem Wert ergibt sich unter Vernachlässigung des Gliedes $(\Delta x/x_0)^4$ und höherer Potenzen

$$i_3 = 1 + 2{,}0202 \cdot 10^{-2}\left(\frac{\Delta x}{x_0}\right) + 3\left(\frac{\Delta x}{x_0}\right)^2$$

$$+ 4{,}0404 \cdot 10^{-2}\left(\frac{\Delta x}{x_0}\right) + \ldots \qquad (7)$$

Die Funktion nach Gleichung (7) ist ebenfalls in Abb. 2 eingezeichnet.

3. Messungen

Um die in Abb. 2 dargestellten theoretischen Kurven experimentell zu überprüfen, wurde eine Anordnung entsprechend Abb. 1 aufgebaut. Als Detektoren dienten zwei liegende Zylinderionisationskammern nach *Chadwick* [2, 3]. Der Ionisationsstrom wird mit dem in [4] beschriebenen, automatisierten Ladungsmeßverfahren gemessen. Dabei werden die Ionisationsströme galvanisch gekoppelt dem Ladungsmeßplatz zugeführt.

Der Abstand Strahlungsquelle—Detektor in der Ausgangsstellung ($\Delta x = 0$) betrug $x_0 = 500$ mm und blieb während der Messungen konstant. Als Strahlungsquelle diente eine ^{60}Co-Normalstrahlungsquelle ($A = 69{,}2$ MBq am 9. 7. 1977). Ihr strahlendes Volumen hat zylinderförmige Gestalt mit den Abmessungen: Höhe 2 mm, Durchmesser 2 mm. Die Messungen erfolgten bei radialer Abstrahlung.

4. Diskussion

Die erhaltenen Meßergebnisse liegen innerhalb der Meßgenauigkeit von $\pm 0{,}2\%$ ($\pm 0{,}1\%$ im Punkt $\Delta x = 0$) im Bereich der durch Gleichung (7) mit $a = 0{,}98 \pm 0{,}02$ ausgedrückten theoretischen Kurven. Damit ist gezeigt, daß der zu erwartende Kompensationseffekt hinsichtlich der Abstandsabhängigkeit beim Zusammenschalten zweier sich gegenüberstehender Detektoren im vorausberechneten Maße eintritt. So bewirkt bei einem Detektor—Detektor-Abstand von 1000 mm eine Änderung der Lage der Strahlungsquelle um ± 8 mm aus der Mitte in Richtung eines der Detektoren eine Änderung des Ionisationsstroms von ca. 1‰.

Damit hat man eine Meßanordnung für relative Aktivitätsmessungen in Schmalbündelgeometrie, bei der die Positioniergenauigkeit im o. a. Rahmen nicht mehr kritisch ins Meßergebnis eingeht. Man kann also z. B. auf Wiederholungen der Positionierung beim Vergleich zweier Strahlungsquellen verzichten bzw. ist nicht darauf angewiesen, die Positionierung sehr genau durchzuführen, was schnellen Arbeiten zum Zwecke des Strahlenschutzes beim Umgang mit starken Quellen sehr entgegenkommt.

Eingegangen am 29. 9. 1978

Literatur

[1] *M. Valkonen, J. Kantele,* Nucl. Instr. Meth. **99** (1972) 25

[2] *J. Chadwick, E. Rutherford,* Proc. Phys. Soc. London **24** (1912) 141

[3] ASMW-Forschungsbericht „Methodische Untersuchungen zur relativen Aktivitätsmessung", Berlin 1968

[4] *F. Gühne, G. Rodloff,* Isotopenpraxis **9** (1973) 121

Über die Möglichkeit einer strahlenchemischen Reinigung von Abwässern, die Dodezylbenzolsulfonat und Nonylphenylpolyglykoläther enthalten

C. Daiev, S. Spassov

(Lehrstuhl für analytische Chemie an der Fakultät für Chemie der Sofioter Universität „Kliment Ochridski"; Abteilung „Bestrahlungstechnik" des Wissenschaftlichen Produktionsunternehmens „Sortensamen" beim Ministerium für Landwirtschaft und Nahrungsmittelindustrie)[1])

Es wurde die Möglichkeit des strahlenchemischen Abbaus einiger Detergenzien untersucht, die in Abwässern enthalten sind. Es wurde festgestellt, daß von den oberflächenaktiven Substanzen (OFAS) die den Hauptteil der aktiven Substanz der Detergenzien darstellen, die ionogenen (z. B. Dodezylbenzolsulfonat) bei verhältnismäßig niedrigeren Dosen zersetzt werden als die nichtionogenen (z. B. Nonylphenylpolyglykoläther). Bei gleicher Konzentration beider Stoffe bewirken Dosen in der Größenordnung von 5 bis 6 kGy einen höheren Grad des Abbaus bei Dodezylbenzolsulfonat als Dosen von 10 bis 20 kGy beim Nonylphenylpolyglykoläther. Versuche mit realen Abwässern, die die Präparate „Biopon", „Alkasuper" und „Kitka" enthalten, bestätigen die erkannte Gesetzmäßigkeit und zeigen die Perspektive eines strahlenchemischen Abbaus für die Reinigung von Abwässern, die ionogene OFAS enthalten.

(B 14; D 23) INIS DESCRIPTORS:

cesium 137; detergents; gamma radiation; liquid wastes; polyethylene glycols; purification; radiation doses; radiolysis; sulfonates; waste processing; water

Die Einführung von synthetischen oberflächenaktiven Substanzen (OFAS) in das tägliche Leben und in die Industrie bringt ernsthafte Schwierigkeiten bei der Reinigung von häuslichen, lebensbedingten sowie von industriellen Abwässern mit sich. Die zu diesem Zwecke angewandten physikalisch-chemischen Methoden beruhen auf folgenden Vorgängen: chemische Fällung [1], Koagulation mit Zugabe von verschiedenen Koagulantien [1, 2], Adsorption an aktiver Kohle [3], Adsorption mit trägen Materialien und natürlichen Sorptionsmitteln [1, 4], Ionenaustausch [1, 5], Extraktion [6, 7], Schaumscheidung [1, 8, 9], Zertrümmerung mit Hilfe von Ozon [1, 10] u. a.

Zur Lösung des Problems der Reinigung von Abwässern, die OFAS enthalten, werden zwei Wege beschritten: die Ausnutzung von biologisch oxydierten OFAS mit einem hohen Grad biologischer Abbaubarkeit (90 bis 95%) oder die Ausarbeitung von effektiven Methoden zur Abwasserreinigung. Es kann leicht eingeschätzt werden, daß bei Vorliegen von ca. 20 mg/dm³ OFAS in den städtischen Abwässern und bei 90%-iger biologischer Abbaubarkeit, die restliche Konzentration der OFAS im gereinigten Wasser ca. 2 mg/dm³ sein wird, was wesentlich die zulässigen Normen (0,1 bis 0,5 mg/dm³) überschreitet. Bei diesem Sachverhalt lagern sich die biologisch standfesten Schwebstoffe allmählich in den Wasserbecken ab. Demzufolge kann die Verunreinigung der Wasserbecken nur durch Ausnutzung von OFAS mit einem hohen Grad biologischer Abbaubarkeit nicht vermieden werden. Daher gewinnt die Ausarbeitung von effektiven destruktiven Methoden für die Abwasserreinigung besondere Bedeutung. Das Ziel der vorliegenden Arbeit ist es, die Möglichkeiten für die Reinigung von Abwässern, die anionaktive und nichtionogene OFAS enthalten, durch Bestrahlung in einem starken Feld zu erforschen. Als Vertreter des ersten Typs von OFAS wählte man Natrium-Dodezylbenzolsulfonat und als Vertreter des zweiten Typs Nonylphenylpolyglykoläther.

[1]) Anschrift: Samokovsko Chaussee 45, Kw. Gorubliane, Sofia, 1738 Bulgarien

1. Bestrahlung der Proben und Bestimmung der absorbierten Dosis für verschiedene Strahlungsenergien

1.1. *Bestrahlung der Proben*

Für die Bestrahlung der untersuchten Lösungen wurde das Bestrahlungsgerät „Stebel-SM" der Abteilung „Bestrahlungstechnik" beim Ministerium für Landwirtschaft und Nahrungsmittelindustrie, geladen mit ^{137}Cs mit einer Aktivität von 111 TBq (3000 Ci), mit einer Expositionsdosisleistung von $2{,}58 \cdot 10^{-3}$ A je kg) (600 R/min) benutzt. Die Bestrahlungskammer stellt einen zylindrischen Tubus von einem Liter mit einem Durchmesser von 150 mm dar, der die Hin- und Herbewegung zu den Arbeitskanälen ausführen kann.

1.2. *Bestimmung der absorbierten Dosis*

Die absorbierte Dosis wird mit dem Ferrosulfat-Dosimeter Typ DFC-0,004/0,04 [11, 12] bestimmt. Dieses Dosimeter besteht aus einem flüssigen chemischen Detektor, bestimmt zur Messung der absorbierten Dosis von Gamma-Strahlung mit einer Energie der Photonen von 0,66 MeV und 1,25 MeV bei einem Bereich der absorbierten Integraldosis von 40 bis 400 Gy (4 bis 40 krd) und einer Dosisleistung von 1 bis 4 Gy/s (1 bis $4 \cdot 10^2$ rd/s). Die Bestimmung der Eisen(III)-Ionen wird spektrophotometrisch mittels Messung der Absorption der nichtbestrahlten und der bestrahlten Dosimeterlösung bei 304 nm mit Hilfe des Spektrophotometers Typ VSU-2P (Carl Zeiss) realisiert. Bei einer Küvettenstärke von 10 mm gilt:

$$D = 2{,}85 \cdot 10^2 (A - A_0) \text{ Gy} \qquad (1)$$

wobei D die absorbierte Dosis in Gy, A die Absorption der bestrahlten Dosimeterlösung und A_0 die Absorption der nichtbestrahlten Lösung bedeuten. Es ist wünschenswert, daß die Bestimmung der Absorption mit vorher bei 20 °C temperierter Dosimeterlösung erfolgt. Andernfalls wird eine Temperaturkorrektion der gemessenen Dosis durchgeführt:

$$\text{korrigierte Dosis} = \frac{\text{gemessene Dosis bei } T \text{ °C}}{1 + 0{,}007\,(T - 20)} \qquad (2)$$

wobei T die Temperatur der Dosimeterlösung bedeutet.

2. Angewandte analytische Methoden zur quantitativen Bestimmung der Detergenzien

2.1. *Quantitative Bestimmung von anionaktiven OFAS*

2.1.1. Verfahren nach Epton [13, 14]. Dieses Verfahren beruht auf der Verbindung der anionaktiven Stoffe mit kationaktiven Stoffen bei Anwesenheit des Indikators Methylenblau. Im Laufe der Titrierung, die nach dem Zweiphasensystem verläuft (Wasser—Chloroform), verdrängt der kationaktive Stoff (Cetylpyridinchlorid) den Indikator von der komplexen Verbindung und die Wasserphase beginnt sich blau zu färben. Das Endergebnis der Titrierung ist der Ausgleich der Farbe beider Phasen. Das *Epton*-Verfahren hat den Vorzug, daß es bei der quantitiven Bestimmung von anionaktiven OFAS auch in Anwesenheit der nichtionogenen OFAS, die die Bestimmung nicht stören, angewandt werden kann.

2.1.2. Photometrische Bestimmung der anionaktiven OFAS [15]. In einer sauren Lösung bilden die anionaktiven OFAS mit Azur-A eine blaue Färbung, die mit Chloroform extrahiert werden kann. Die Aufnahme des Chloroformauszugs mit anionaktivem Detergens geschieht am Spektrophotometer bei $\lambda = 650$ nm (Abb. 1).

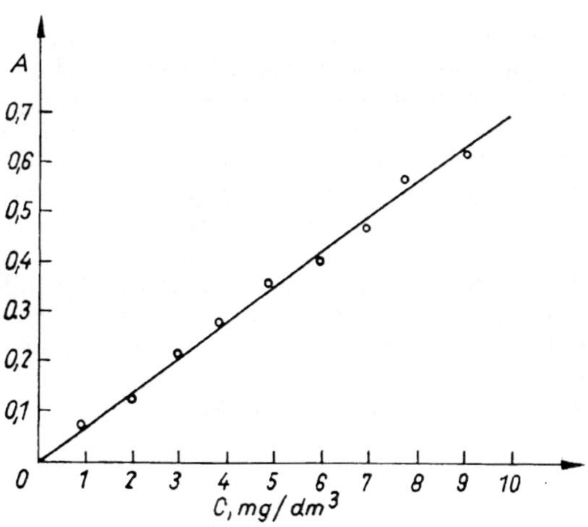

Fig. 1. Kalibrierkurve für die photometrische Bestimmung von Dodecylbenzolsulfonat

2.2. *Quantitative Bestimmung von nichtionogenen OFAS*

2.2.1. Verfahren nach Schönfeld [8]. Von den titrimetrischen Verfahren wurde das Verfahren nach *Schönfeld* ausgewählt, das, obwohl es kein direktes Verfahren darstellt, dennoch eine genügende Genauigkeit aufweist (relative Standardabweichung 5,0%) Außerdem ist der Äquivalenzpunkt bei diesem Verfahren sehr klar erfaßbar. Ein anderer großer Vorteil dieses Verfahrens besteht darin, daß es in Anwesenheit von anionaktiven Stoffen angewandt werden kann. Das Verfahren beruht auf der Fällung des Äthoxyaddukts mit Ferrozyankalium in HCl-saurem Medium und — nach Titrierung des Ferrozyankaliumüberschusses — mit Zinksulfat in Anwesenheit des Indikators Diphenylamin und einigen Tropfen von Ferrizyanid.

2.2.2. Photometrische Bestimmung [13]. Die nichtionogenen OFAS fallen aus der Lösung als Komplexverbindung mit dem Kalziumsalz der Phosphorwolframsäure aus. Die erhaltene Schlammablagerung löst sich in schwefligsaurem Medium auf und wird unter Zugabe von Hydrochinon bei $\lambda = 500$ nm photometriert. Anhand dieses Verfahrens bestimmen wir die OFAS nichtionogener Art mit Konzentration von 0,5 bis 10 mg/dm³ (Abb. 2).

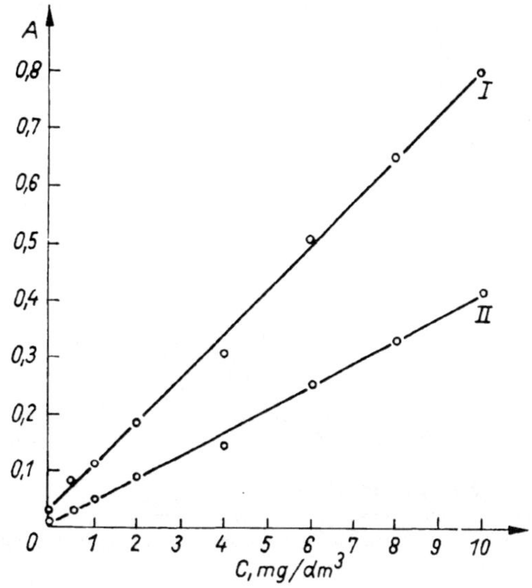

Fig. 2. Kalibrierkurve für die photometrische Bestimmung von Nonylphenylpolyglykoläther

I — Küvette 10 mm; II — Küvette 20 mm

3. Versuchsergebnisse und deren Diskussion

3.1. *Untersuchung von künstlich vorbereiteten Lösungen*

In Abb. 3 und 4 sind die entsprechenden Kurven des strahlenchemischen Abbaus des Natrium-Dodezylbenzolsulfonats und des Nonylphenylpolyglykoläthers aufgeführt. Die erhaltenen Ergebnisse zeigen, daß die nichtionogenen OFAS wesentlich widerstandsfähiger als die anionaktiven OFAS sind. Bei ein und derselben Konzentration beider Stoffe bewirken Dosen der Größe 5—6 kGy (500—600 krd) beim Dodezylbenzolsulfonat einen höheren Grad des Abbaus als Dosen der Größe von 10 bis 20 kGy (1—2 Mrd) beim Nonylphenylpolyglykoläther (vgl. Abb. 3 und 4). Die bei letzterer Substanz festgestellte höhere strahlenchemische Stabilität in salzsaurer Lösung muß auf den

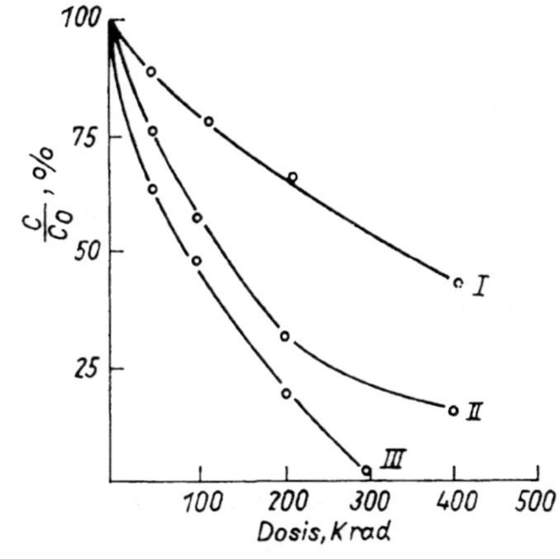

Fig. 3. Abhängigkeit des Prozentsatzes von unverändertem Natriumdodezylbenzolsulfonat C/C % als Funktion der aufgenommenen Dosis

I — $1 \cdot 10^{-3}$ M Lösung; II — $1 \cdot 10^{-4}$ M Lösung; III — $1 \cdot 10^{-5}$ M Lösung

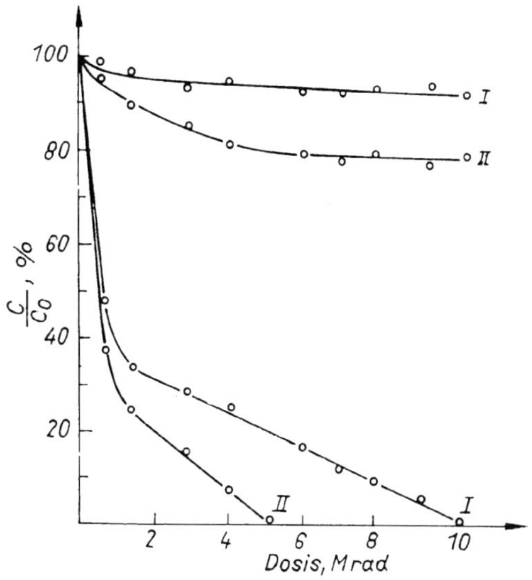

Fig. 4. Abhängigkeit des Prozentsatzes von unverändertem Nonylphenylpolyglykoläther C/C% als Funktion der aufgenommenen Dosis.

I – $1 \cdot 10^{-3}$ M Lösung; II – $1 \cdot 10^{-4}$ M Lösung

Die weißen Punkte entsprechen den in salzsaurem (pH = 2) und die schwarzen Punkte den in Natriumhydroxid-Medium (pH = 11) durchgeführten Versuchen.

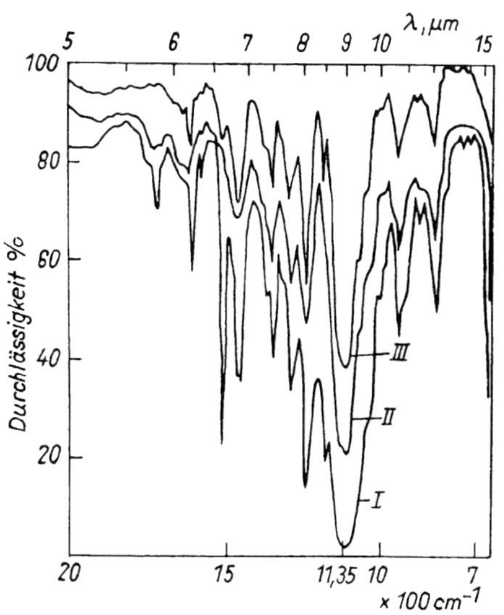

Fig. 5. Veränderungen im IR-Spektrum des Nonylphenylpolyglykoläthers in salzsaurem Medium (pH = 2) bei Einwirkung von Gamma-Strahlen

I – nichtbestrahlte Lösung mit Dosis 5 Mrd; III – bestrahlte Lösung mit Dosis 9 Mrd

Erhalt des entsprechenden Oxoniumchlorids zurückgeführt werden. Das infrarote Spektrum desselben Stoffes zeigt eine fortschreitende Verminderung der Intensität des Streifens, der der Äthergruppe (1135 cm^{-1}) beim strahlenchemischen Abbau entspricht (Abb. 5).

3.2. *Untersuchungen über reale Abwässer*

Im Hinblick auf die praktische Anwendung des strahlenchemischen Abbaus von Detergenzien wurden Untersuchungen an den Präparaten „Biopon", „Alkasuper" – Natrium-Dodezylbenzolsulfonat enthaltend – und „Meriten" – Nonylphenylpolyglykoläther darstellend – durchgeführt, die im täglichen Leben, in der chemischen Industrie, in den Atomkraftwerken u. a. benutzt werden (Tab. 1 und 2).

Tab. 1. Änderung der aktiven Substanzmenge von „Biopon" (I) und „Alkasuper" (II) bei Bestrahlung ihrer Lösungen (0,005 N) mit verschiedenen Dosen

Dosis kGy	I %	II %
–	30,6	48,2
1	28,3	34,8
2	7,6	8,6
4	5,3	6,1

Tab. 2. Änderung der „Meriten"-menge bei der Bestrahlung einer Lösung (0,5 g/dm^3) mit verschiedenen Dosen

Dosis kGy	%
–	100,0
6,5	31,5
15,0	29,0
40,0	14,9

Von besonderem Interesse sind die nichtionogenen und die anionogenen Detergenzien in den Abwässern von Atomkraftwerken. Ein typischer Vertreter einer solchen Mischung ist das Präparat „Kitka", das Nonylphenylpolyglykoläther und Natriumdodezylbenzolsulfonat enthält. Mit einer solchen Mischung, die ein reales Abwasser darstellt, und 0,2 g/dm^3 Nonylphenylpolyglykoläther sowie 0,005 g/dm^3 Natriumdodezylbenzolsulfonat enthält, wurde eine Untersuchung auf die Wirkung des pH-Wertes des Mittels bei einer Dosis von 50 kGy (5 Mrd) durchgeführt (Tab. 3). Die Dosis 50 kGy ist für Natrimdodezylbenzolsulfonat sehr hoch, wobei noch bei pH = 1 die Zersetzung so stark ist, daß die Konzentration unter dem zu ergründenden Minimum der Bestimmungsmethode liegt.

Tab. 3. Einfluß des pH auf die strahlenchemische Zersetzung von Nonylphenylpolyglykoläther (I) und Natriumdodezylbenzolsulfonat (II) bei einer Bestrahlungsdosis von 5 Mrd

pH	I	II
	c, mg/dm^3	c, mg/dm^3
1,0	0,11	0,002
6,5	0,04	0,002
11,0	0,02	0,002

Schlußfolgerungen

1. Es wurde die Möglichkeit für einen strahlenchemischen Abbau einiger Detergenzien, die in den Abwässern enthalten sind, erforscht. Es wurde festgestellt, daß von den OFAS, welche die hauptsächlich aktiven Substanzen der Detergenzien darstellen,

die ionogenen (zum Beispiel Dodezylbenzolsulfonat) bei wesentlich niedrigeren Dosen als die nichtionogenen (zum Beispiel Nonylphenylpolyglykoläther) zersetzt werden. Bei ein und derselben Konzentration beider Substanzen, rufen Dosen der Größe 5 bis 6 kGy (500 bis 600 krd) einen höheren Grad des Abbaus beim Dodezylbenzolsulfonat hervor als Dosen der Größen 10–20 Gy (1–2 Mrd) beim Nonylphenylpolyglykoläther.

2. Die Versuche mit realen Abwässern, die die Präparate „Biopon", „Alkasuper" und „Kitka" enthalten, bestätigen die festgestellte Gesetzmäßigkeit und zeigen die Perspektive des strahlenchemischen Abbaus für die Reinigung von Abwässern, die ionogene OFAS enthalten.

Eingegangen am 20. 4. 1978

Literatur

[1] *A. Koganovcksi, N. Klimenko* u. a., Physikochimitscheskaja otschistka promischlenich stok ot poverchnostno aktivnich weschtestwa. „Nauka" Kiew 1974

[2] *A. Schwarz, J. Perry* u. a., Poverchnostnoaktivnie weschtestwa i mojuschtie sredstwa, Übersetzung aus dem Englischen, „Chimia", Moskwa 1960

[3] *W. Nevolin*, Sintetitscheskie müjüstie sredstwa, „Chimia" Moskwa 1957

[4] *A. Dear, R. Hawi* u. a., Porodoobrasujuschtie minerali, Übersetzung aus dem Englischen, „Geologia" Moskwa 1966

[5] *A. Rebinder*, Poverchnostno-aktivnie weschtestwa, „Chimia", Moskwa 1961

[6] *A. Schwartz, T. Perry*, Surface active agents, Vol. 1–2, N.Y.-London 1958

[7] *W. Schubin, A. Frunse, J. Scharanin*, Kinetitscheskie issledovania w impulsom rodiolise, „Nauka", Moskwa 1974

[8] *N. Schönfeld*, Neionogenie mojuschtie sredstwa, Übersetzung aus dem Deutschen, „Chimia", Moskwa 1965

[9] *L. Makarotschkina* u. a., Chimitscheskaja promischlenost, 1976, 589

[10] *N. Emanuel, E. Denissow*, Zepnie reakzii okislenija uglewodorodow 1 schitkoi phase, „Chimia", Moskwa 1956.

[11] RGW-Protokoll sowmestnich laboratornich issledovania po dosimetritscheskim sistemam dlja kontrolja dosi, Budapest, Postojanaja komissia po ispolsowaniju atomnoi energii w mirnich zeliach, 1970

[12] RGW. Metoditscheskije rekomendazii po dosimetrii radiazionnotechnologitscheskich ustanovok s radioisotopnim gamma-islutschenia. Moskwa. Postojanaja kommissia po ispolsuvaniju atomnoi energii w mirnich zeliach, 1976

[13] Unifizirovanije metodi issledowania kdtschestwa wod. Moskwa. Sowestanie rukowoditelei wodohosaistwenich organov stran tschlenov SEW, 1974

[14] *F. Nevolin*, Pistewaja promischlenost, 1964, 364

[15] Water Res. 3 (1969) 31

Radiolysis of Aqueous Solution of Complexes of CO(II) and Co(III) and Diethylenetriamine Pentaacetic Acid

M. B. Hafez, N. Hafez, W. Higazi

(Radiation Protection Department Atomic Energy Establishment Cairo — Egypt)

Radiolysis of Co(II) and Co(III) diethylenetriamine pentaacetate complex, both in the presence and the absence of oxygen, was investigated. The radiolytic degradation of the ion chelate was determined. A radiolytic mechanism has been proposed and discussed

(B 14) INIS DESCRIPTORS:

absorption spectra; aqueous solutions; chelates; cobalt 60; cobalt complexes; DTPA; gamma radiation; oxidation; oxygen; pH value; quantity ratio; radiolysis; spectrophotometry; valence

Introduction

Irradiation of aqueous solution of metal chelates showed, in general, that the oxidising radical OH reacts with the chelating agent, while the principal reducing species hydrated electron attacks the central metal ion [1, 2]. However some studies [3] showed that the hydrated electrons can attack the ligand itself producing its degradation. On the other hand diethylenetriaminepantaacetic acid (DTPA), which is known as strong chelating agent, forms the 1:1 complex with divalent cobalt at *p*H intervals between 3·5 and 10. Trivalent cobalt in presence of DTPA form the 1:1 complex at $pH > 0{\cdot}7$ [4]. Such complexes are stable and not hydrolysed at these *p*H intervals.

The present work is mainly concerned with the study of the radiolysis of (Co(II) + DTPA) and (Co(III) + DTPA) complexes, in presence and in absence of oxygen, at different *p*H values and at different DTPA concentrations.

Experimental

Chemicals used were of analytical purity. Tri-distilled water was used for preparing all solutions. The (Co(II) + DTPA) complex was prepared by mixing a known volume of Co(II) of 8×10^{-3} M or 8×10^{-2} M to an equal volume of DTPA of different concentrations to have a molar ratio of cobalt to DTPA equal to 1:1, 1:2 and 1:5. The *p*H of the test solution was adjusted to a known value using carbonate-free NaOH or very diluted HCl. The (Co(III) + DTPA) complex was obtained by preparing the (Co(II) + DTPA) complex at different mole ratios, where Co(II) of 4×10^{-3} M at $pH = 9$, then few drops of hydrogen peroxide was added [5].

Irradiations were carried out on samples using γ-radiation of ^{60}Co at a dose rate of 16·66 Gy/min ($1{\cdot}666 \times 10^3$) rd/min).

The dose rate was determined with the help of *Fricke* dosimeter ($G = 15{\cdot}6$). Deaeration of solutions was carried out by nitrogen saturation. In all cases the *G* values (the amount of Co(II) oxidised or the amount of (Co(II) or Co(III) + DTPA) decomposed per 100 eV absorbed) was determined from the yield dose plots using a Prolabo spectrophotometer. The *p*H of the solutions were adjusted using Pye Unicam *p*H-meter type 292. Hydrogen peroxide was determined with titanium sulfate reagent [6]. All studies were carried out spectrophotometrically since it was confirmed that solutions of Co(II), (Co(II) + DTPA), and (Co(III) + DTPA) are obeyed *Beer*'s law (4).

Results and Discussion

The primary yields under ^{60}Co γ-ray radiolysis in neutral water are now well established [7]:

$$G_{OH} = 2{\cdot}4\,,\quad G_{e^-_{aq}} = 2{\cdot}4\,,\quad G_H = 0{\cdot}6\,,\quad G_{H_2O_2} = 0{\cdot}8 \text{ and } G_{H_2} = 0{\cdot}45\,.$$

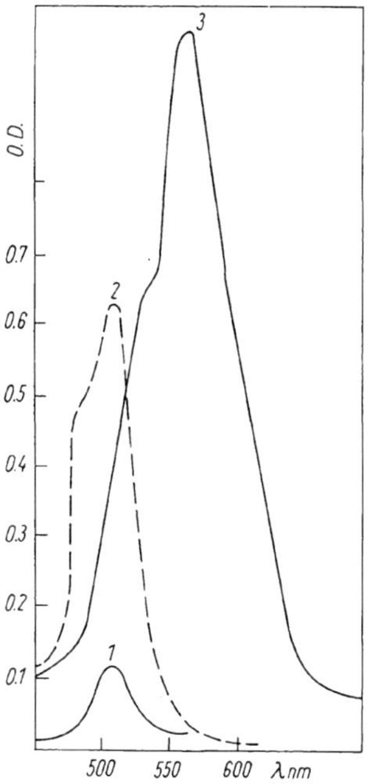

Abb. 1. Absorption spectra

(1) – 4×10^{-2} M Co(II) at *p*H = 1·5; (2 – a mixture of equal volumes of 8×10^{-2} M Co(II) and 8×10^{-2} M DTPA at *p*H = 3·5; (3) – a mixture of equal volumes of 8×10^{-3} M Co(III) and 8×10^{-3} M DTPA at *p*H 1·2

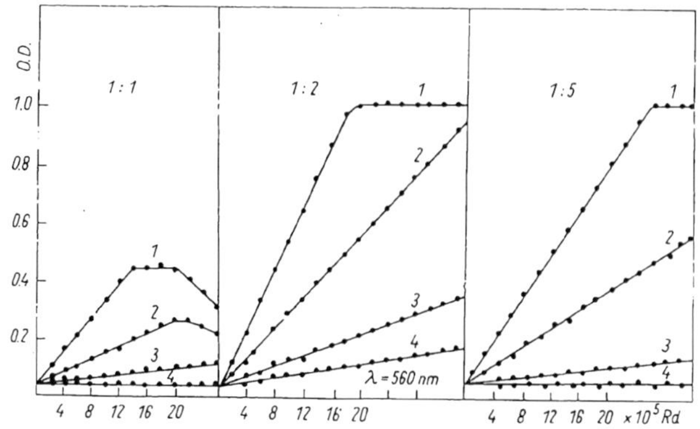

Abb. 2. Gamma ray induced oxidation of (Co(II) + DTPA) at (Co(II)): (DTPA) = 1:1, 1:2, and 1:5 at different *p*H values
Constant Co(II) = 4×10^{-3} M, 1) *p*H = 1·2, 2) *p*H = 2·5, 3) *p*H = 3, 4) *p*H ≧ 5·5

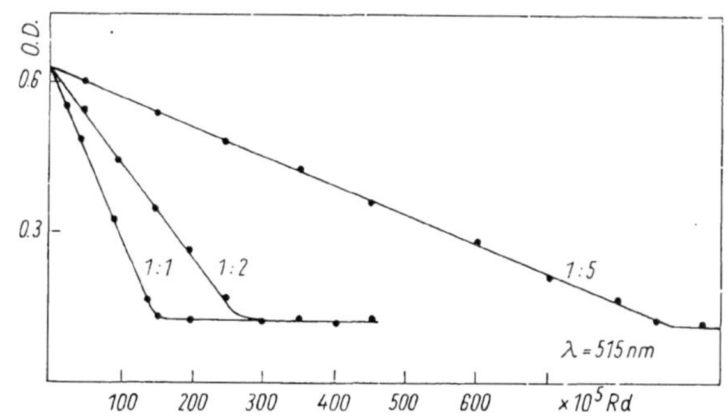

Abb. 3. Gamma ray induced degradiation of (Co(II) + DTPA) at Co(II): (DTPA) = 1:1, 1:2 and 1:5 and *p*H = 3·5
Constant Co(II) = 4×10^{-2} M

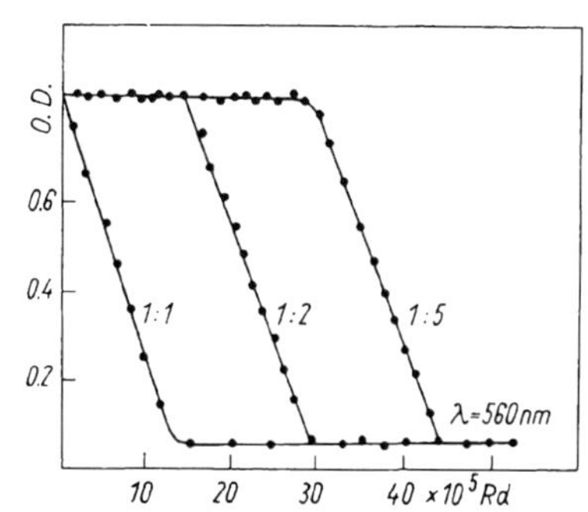

Abb. 4. Gamma ray induced degradation of (Co(III) + DTPA) at Co(III):(DTPA) = 1:1, 1:2 and 1:5 and *p*H = 3·5
Constant Co(III) = 4×10^{-3} M

Aerated Solutions

Fig. 1 shows the absorption spectra of: (Co II) of 4×10^{-2} M at *p*H = 1·5, a mixture of equal volumes of Co(II) of 8×10^{-2} M and DTPA of 8×10^{-2} M at *p*H = 3·5, and a mixture of equal volumes of Co(III) of 8×10^{-3} M and DTPA of 8×10^{-3} M at *p*H = 1·2.

The characteristic wavelengths of each compound and its extinction coefficients ε are given in Tab. 1.

Experimental results showed that during radiolysis Co(II) of 8×10^{-3} M in presence of DTPA at *p*H range from 1 to 2·5 was oxidised to (Co(III) + DTPA) complex, and the radiolytic oxidation of Co(II) decreased rapidly at *p*H > 2·5. At 3·5 < *p*H < 9·5 a radiolytic decomposition of (Co(II) + DTPA) and (Co(III) + DTPA) occurred. The dose dependance of the amount of Co(III) formed in presence of DTPA at different *p*H is given in Fig. 2, where the yield of oxidised Co(III) is a linear function of the dose. Fig. 3 and 4 shows that the radiolytic decomposition of (Co(II) + DTPA) and (Co(III) + DTPA) complexes, respectively, in the radiolysis of these chelates at *p*H > 3·5, are all linear with dose. The *G* values were calculated from the slopes in each case (Tab. 2). The *G* values as determined for different concentrations (Co(II) + DTPA) and (Co(III) + DTPA) complexes are given in Tab. 3. No significant change in the *G* values were observed over the studied range of (Co(II) + DTPA) and (Co(III) + DTPA) concentration.

a) *Mechanism of oxidation of (Co(II) + DTPA) to (Co(III) + DTPA) at 1 < pH < 2·5 by gamma radiation*

In acidic solution (*p*H range from I to 2·5), e_{aq}^- is converted quantitatively during radiolysis to H. As the radiolysis is carried out in an aerated solution the reducing species H will react with

Tab. 1. Absorption characteristics of Co(II) and Co(III) and their DTPA complexes

Ion	λ, nm Max	ε	Compound	Mole Ratio	*p*H intervals	λ, nm Max	ε
Co(II)	505	3	Co(II) + DTPA	1:1	3·5–10	515	15·8
Co(III)	–	–	Co(III) + DTPA	1:1	0·7–10	560	255

Tab. 2. Experimental yield values, G, obtained during the radiolysis of (Co(II) + DTPA) and (Co(III) + + DTPA) complexes

Condition	Mole ratio [Co] : [DTPA]	Oxidation yield [Co(II)] = 8×10^{-3} M		Decomposition yield at $pH = 3.5$	
		$pH = 1.2$	$pH = 3.5$	(Co(II) + DTPA) [Co(II)] = 4×10^{-2} M	(Co(III) + DTPA) [Co(III)] = 4×10^{-3} M
Aerated Solution	1:1	1.32	0.97	2.60	5.52
	1:2	2.66	1.02	2.50	4.83
	1:5	1.43	0.64	2.37	4.39
Deaerated Solution	1:1	—	—	1.40	4.30
	1:2	—	—	1.00	3.40
	1:5	—	—	0.30	3.01

Tab. 3. Effect of Co concentration on the producing yield

Condition	Concentration mol/l	Oxidation yield at $pH = 1.2$ [Co(II)]:[DTPA] = 1:2 G(Co(III))	Degration yield at $pH = 3.5$ G(Co(II) + DTPA) 1:1	G(Co(III) + DTPA) 1:1
Aerated Solution	2×10^{-3}	2.8	—	5.5
	4×10^{-3}	2.72	—	5.52
	8×10^{-3}	2.8	—	5.48
	4×10^{-2}	—	2.6	—
	8×10^{-2}	—	2.7	—

oxygen [8].

$$H + O_2 = HO_2 \quad (1)$$

On the other hand, divalent cobalt, in presence of DTPA at $pH < 3$, exists as cation state in aqueous solution, i.e. not in the form of complex, while Co(III) forms a complex with DTPA at $pH > 0.7$. It is possible to assume that, at $1 < pH < 2.5$, the radiolytic species attack the free cobaltus ion itself to produce the cobaltic ion. The formed Co(III) reacts with DTPA to form (Co(III) + DTPA) complex. The mechanism can be expressed as follows:

$$Co^{2+} + OH = Co^{3+} + OH^- \quad (2)$$

$$Co^{2+} + HO_2 = Co^{3+} + HO_2^- \quad (3)$$

$$HO_2^- + 2\,H^+ = H_2O_2 \quad (4)$$

$$Co^{2+} + H_2O_2 = Co^{3+} + OH + OH^- \quad (5)$$

The reaction of H_2O_2, as oxidising agent, with divalent cobalt in presence of DTPA, at such pHs, is very low and is negligeable during and after irradiation. Moreover, the radicals OH and HO_2 react with the ligand itself [10] since the rate of reactions of OH and HO_2 with DTPA are comparatively smaller than with Co^{2+}. Fig. 2 shows [(Co^{2+}) : (DTPA) = 1:1 and 1:2] that 50% of Co^{3+} was produced in case of Co^{2+}:DTPA = 1:1 while 100% of Co^{3+} was produced in case 1:2. Therefore the G value of the produced Co^{3+} should be equal to

$$G(Co^{3+}) = 1/2(G_{OH} + G_{HO_2}) \quad (6)$$

The above G value, at $pH = 1.2$, is in good accordance with that obtained experimentally (Tab. 2).

b) *Mechanism of degradation of (Co(II) + DTPA) and (Co(III) + DTPA) at $pH > 3.5$ by gamma radiation*

Results (Fig. 3 and 4) showed that, at $pH > 3.5$, (pH intervals at which Co(II) and Co(III) complexes are formed), the (Co(II) + DTPA) and (Co(III) + DTPA) complexes were degradated by γ-rays. As earlier has been observed, in case of radiolysis of (Ni(II) + EDTA) [7], it can be postulated that the OH radical attacks DTPA molecule leading to the abstraction of hydrogen atom from the carbon atom attached to the COOH group.

$$Co^{2+}RNCH_2COO^- + OH = Co^{2+}RNCHCOO^- + H_2O \quad (6)$$

$$Co^{3+}RNCH_2COO^- + OH = Co^{3+}RNCHCOO^- + H_2O \quad (7)$$

where $Co^{2+}RNCH_2COO^-$ and $Co^{3+}RNCH_2COO^-$ represent the (Co(II) + DTPA) and (Co(III) + DTPA) complexes respectively.

In presence of oxygen, the formed radicals will add O_2

$$Co^{2+}RNCHCOO^- + O_2 = Co^{2+}RNCH(O_2)COO^- \quad (8)$$

$$Co^{3+}RNCHCOO^- + O_2 = Co^{3+}RNCH(O_2)COO^- \quad (9)$$

The oxygenated radicals, which are unstable, must stabilise themselves. The following reactions may then occur:

$$Co^{2+}RNCH(O_2)COO^- + H_2O = Co^{2+}RNCH + CH_2O + O_2^- + CO_2 \quad (10)$$

$$Co^{3+}RNCH(O_2)COO^- + H_2O = Co^{3+}RNCH + CH_2O + O_2^- + CO_2 \quad (11)$$

Therefore it follows that formaldelyde was formed which was determined experimentally [10]. The $G(CH_2O)$ was found to be equal to 0.5 + 1.

Moreover, at $pH = 3.5$, the species H and e_{aq}^- react readily with oxygen to form HO_2 since their reactions with oxygen are much faster than their reactions with the metal chelates [11]. It would be expected that the HO_2 radicals react with tri-valent cobalt which coordinately staturated in the chelate. Therefore hydrogen peroxide may oxidise the (Co(II) + DTPA) complex to the (Co(III) + DTPA) complex:

$$(Co(II) + DTPA) + H_2O_2 = (Co(III) + DTPA) + OH + OH^- \quad (12)$$

while HO_2 may reduce the (Co(III) + DTPA) complex to the (Co(II) + DTPA) complex:

$$(Co(III) + DTPA) + HO_2 = (Co(II) + DTPA) + H^+ + O_2 \quad (13)$$

Since a decrease in the optical density at $\lambda = 560$ nm means reduction of (Co(III) + DTPA) complex to (Co(II)+ DTPA) complex, it also means degradation of the formed chelate. It can be postulated that during radiolysis of (Co(III) + DTPA) chelate reduction of such complex occurs simaltaniously with its degradation.

On the basis of the above mechanism, it can be stated that the radiolytic degradation of (Co(II) + DTPA) complexe is due to the OH only. The observed value (Tab. 2) in case of (Co(II) + DTPA) is not far from that expected, while in case of (Co(III) + DTPA), its radiolytic degradation, to produce Co(II), should be equivalent to:

$$G(Co(II)) = G(OH) + G(HO_2) - G(H_2O_2) \quad (14)$$

The above value is in good accordance with the obtained experimental results.

The obtained results showed also that, as the concentration of DTPA increases, decomposition of the formed chelate needs higher dose. Since the reaction of OH with polyaminopolycarboxylic acids is quite fast [7] and the metal ion in the metal chelate is shielded by the ligand, it seems reasonable to assume in the light of the observed results, that OH attacks preferentially the DTPA than the central metal [12].

Deaerated Solutions

Obtained results showed that Co(II) in presence of DTPA at $pH < 3.5$ was not oxidised during radiolysis in deaerated solutions. In deaerated solution, the OH and H_2O_2 have the same action such as in aerated solution, while H and e_{aq}^- have the reverse reaction [2]. They reduce an equivalent of the produced Co(III). The trivalent cobalt yield should be presented as:

$$G(Co(III)) = (G_{OH} + 2\,G_{H_2O_2}) - (G_H + G_{eq^-}) \quad (15)$$

which means that no oxidation can occur.

Experimental results showed also that solutions of (Co(II) + DTPA) complexe at $pH > 3.5$ was degradated by γ-rays. The decomposition yield should then have approached a value equivalent to $G(OH)$. The observed decomposition yield is lower than to be equal to $G(OH)$. The produced radicals (equations (6) and (7)) may react, in the absence of air, with each other through electron disportionation.

$$2\,Co^{2+}\,RNCHCOO^- + H_2O = Co^{2+}RNCH_2COO^- + Co^{2+}RNCH(OH)COO^- \quad (16)$$

It is evident that (Co(II) + DTPA) is regenerated.

Moreover the reducing species, H, may disappear by its reaction with (Co(II) + DTPA) complex as:

$$Co^{2+}RNCH_2COO^- + H = Co^{2+}RNCHCO^- + H_2 \quad (17)$$

In such case the decomposition yield of (Co(II) + DTPA) in deaerated solutions should correspond to a value equivalent to $^1/_2(G_H + G_{OH})$. The observed yield confirms this point of view within the limits of experimental error. The decomposition yield of (Co(III) + DTPA) was found to be higher than $^1/_2(G_H + G_{OH})$. As in case of aerated solutions, it can be postulate that hydrated electrons reduce (Co(III) + DTPA) complex simaltaneously with its degradation. The produced divalent cobalt should be expressed as:

$$G(Co(II)) = {}^1/_2(G_{OH} + G_H) + G_{eq^-} \quad (18)$$

The obtained value is equivalent to that expected.

Received October 27, 1978

References

[1] *S. N. Bhattacharyya, K. Kundu*, Int. J. Radiat. Phys. Chem. **3** (1971) 1
[2] *N. Matsuura, N. Shinohara, M. Nishikawa, M. Takizawa*, Bull. Chem. Soc. Jap. **41** (1968) 1284
[3] *R. L. S. Willix, W. M. Garrison*, J. Phys. Chem. **69** (1965) 19579
[4] *T. R. Bhat, M. Krishnamurthy*, J. Inorg. Nucl. Chem. **25** (1963) 1147
[5] *G. Davies*, Inorg. Chem. **10** (1971) 1157
[6] *G. R. A. Johson*, Analyst. **79** (1954) 217
[7] *S. N. Bhattacharyya, K. P. Kundu*, Radiat. Res. **51** (1972) 45
[8] *J. Rabani, G. Stein*, Radiat. Res. **17** (1962) 327
[9] *A. O. Allen*, The radiation chemistry of water and aqueous solutions, Van Nostrand, Priceton N.J. 1961, p. 380
[10] *C. E. Bricker, H. R. Jonson*, Ind. Eng. Chem. Anal. **17** (1945) 400
[11] *M. Anbar, A. Pneta*, Int. J. App. Radiat. Isotopes **18** (1967) 493
[12] *B. H. J. Bielski, A. O. Allen*, Int. J. Radiat. Phys. Chem. **1** (1963) 153

Induced Electrical Conductivity of Gamma Irradiated 8-Hydroxyquinoline Metal Complexes

A. M. Elagramy, H. F. Aly*, F. M. Abdel Kerim, M. H. Atya*

(Atomic Energy Authority* and National Research Centre, Cairo, Egypt)

The effect of gamma radiation on the electrical conductivity σ of 8-hydroxyquinoline metal complexes was studied. The induced electrical conductivity for the investigated compounds was found to decrease on increasing radiation dose and approaches nearly that of the ligand at doses range from 3 to 5 MGy (300 to 500 Mrd). On the other hand, the increase in the activation energy ΔE by irradiation was found to depend on the crystal field stabilization energy (C.F.S.E.) in high spin tetrahedral field and the ionic potential of the metal.

(B 14) INIS DESCRIPTORS:

activation energy; chelates; chemical radiation effects cobalt 60; cobalt complexes; copper complexes; crystal field; electric conductivity; gamma radiation; hydroxy compounds; iron complexes; lanthanum complexes; manganese complexes; nickel complexes; quinolines; radiation effects; radiation doses; scandium complexes; yttrium complexes; zinc complexes

Introduction

Gamma radiation induces changes in the chemical and physical properties of metal organic compounds. Among the effects produced in the chemical properties of these compounds through gamma irradiation is the degradation through the rupture of the metal-oxygen bond [1]. Unfortunately, detailed studies on the electrical properties of 8-hydroxyquinoline metal complexes is nearly absent in the literature.

The purpose of this work is to study the effect of gamma radiation on the electrical properties of some divalent and trivalent 8-hydroxyquinoline complexes. This will give us an idea about the dependence of the induced electrical conductivity of these complexes on the number of stacks in the molecule, crystal filed stabilization energy in high spin tetrahedral field and the ionic potential of the metal.

Experimental

The different metal chelates under investigation were prepared according to the procedure given by *Charles* et al. [2]. The electrical resistivity of the samples were measured on discs of 11 mm diameter and 3 to 6 mm thickness. These discs were prepared under a pressure of 12000 kg/cm². The cell used in measurement is reported before [3]. It is enclosed in an evacuated pyrex tube containing silica gel to keep the cell dry. A temperature controlled electric furnace was placed around the device. The temperature was measured by a copper-constantan thermocouple placed close to the sample. The current was measured with a VA-J-52 electrometer. This current was measured after sufficiently long time to allow to attain an equilibrium or steady value through time independant current due to polarization effect which might be present initially.

The samples were irradiated by ^{60}Co gamma 3500-NORATON. The position of irradiation was calibrated by ferrous sulphate dosimeter and was found to give a dose rate of $5{\cdot}0 \times 10^5$ R/h ± 5% in January 1974.

Results and discussion

The conductivity of the investigated compound were calculated for each gamma radiation dose and tabulated in Tab. 1. From this table one observes that the resistivity for the metal complexes increases as the radiation dose increases. On the other hand, the increase in the ligand resistivity is relatively small as compared with that of the metal complexes on increasing the radiation dose. The small increase in the resistivity of the ligand is due to the scission of the C-C bonds [2]. This effects fits mobile π electrons with subsequent increase in the resistivity. On the

Tab. 1. Effect of radiation dose on the resistivity and the difference in the activation energy ΔE after and before irradiation for the ligand, the divalent and trivalent metal complexes

Compound	Radiation dose in MGy (Mrd)				ΔE (eV)
	0	1·4688	3·168	5·18	
	$\varrho \times 10^{-12}$	$\varrho \times 10^{-12}$	$\varrho \times 10^{-12}$	$\varrho \times 10^{-12}$	
8.H.Q.	100·	100·04	100·08	100·13	0·4
Mn(8.H.Q.)$_2$	0·0966	9·35	89·40	94·80	1·37
Fe(I.H.Q.)$_2$	0·1050	9·65	86·50	83·30	1·01
Co(I.H.Q.)$_2$	0·1120	9·83	82·10	70·40	0·51
Ni(8.H.Q.)$_2$	0·1017	9·35	83·80	81·00	0·98
Cu(8.H.Q.)$_2$	0·1002	9·90	97·60	106·90	1·80
Zn(8.H.Q.)$_2$	0·1036	9·50	89·9	81·50	0·97
Sc(8.H.Q.)$_3$	·02528	0·1992	1·360	61·30	0·80
Y(I.H.Q.)$_3$	·02649	0·2102	1·458	69·70	1·001
La(8.H.Q.)$_3$	·03177	0·2552	1·815	94·40	1·53

other hand the increase in the resistivity of the metal chelates can be explained according to *Vinyard* et al. [5]. They proposed that the primary effect of ionizing consists in producing positive metal ions and electrons. Under the influence of the field produced by the surrounding lattice ions, it moves out into an interstitial position. In this way a considerable number of negative vacancies may be produced which introduces impurity levels. These levels serve as recombination levels for electrons and thus cause a considerable decrease in current.

It can be shown also that the average values of the resistivity after gamma irradiation to a dose of 5·184 Gy (518·4 Mrd) is $100{\cdot}13 \times 10^{12}$, $85{\cdot}0 \times 10^{12}$ and $85{\cdot}0 \times 10^{12}$ Ωcm for for the ligand, divalent and trivalent metal complexes respectively. This means that the conductivity of the divalent and trivalent compounds approaches the value of the 8-hydroxyquinoline (8.H.Q.) ligand by increasing the exposed dose. This can be related to the rupture of the metal-ligand bonds with the production of free (8.H.Q.) molecules.

Fig. 1 shows an example of the relation between resistivity and $1/T$ (T absolute temperature) on a semilog paper for Cu $(8.H.Q.)_2$ before and after irradiation with an integrated dose 518 MR. The linear relation obtained indicates that in spite of irradiation the compounds under investigation retain its conducting behaviour. From the slopes of the linear relation in Fig. 1, the activation energy E_1 and E_2 before and after irradiation can be calculated. The value of ΔE (difference between E_1 and E_2) (Tabl. 1) is introduced as a measure for energy gap change due to irradiation. The increase in the activation energy due to irradiation indicates that, the mobile π electrons hyphosis [6] remains valid as long as it concerns separate molecule. The increase in the activation energy ΔE follows the sequence

$$\Delta E_{\text{Triv.}} > \Delta E_{\text{Div.}} > \Delta E_{(8.\text{H.Q.})}$$

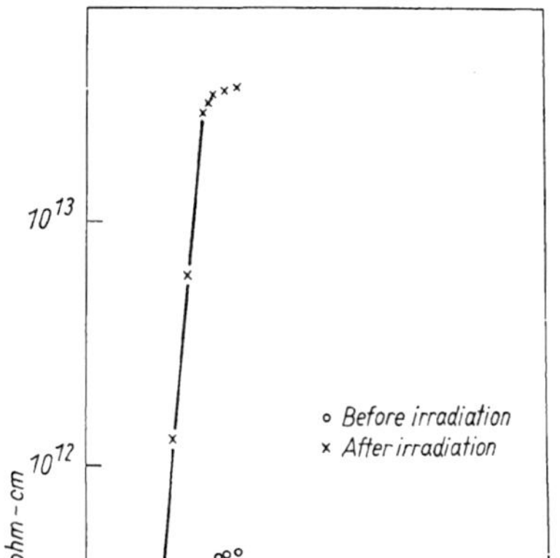

Fig. 1. Temperature dependence of resistivity of Cu(8.H.Q.)

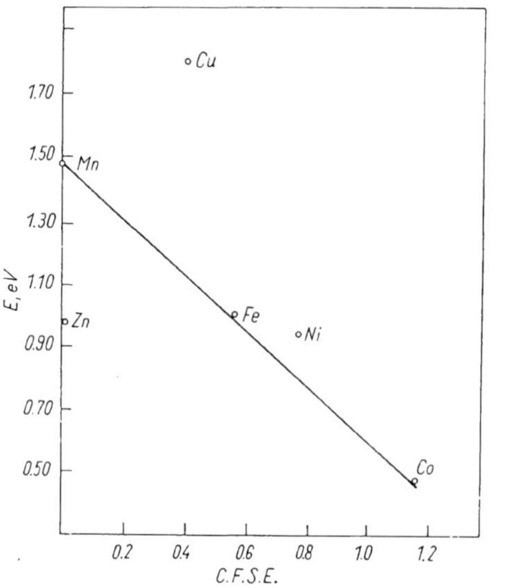

Fig. 2. Relation between E[eV] and the C.F.S.E., high spin tetrahedral field

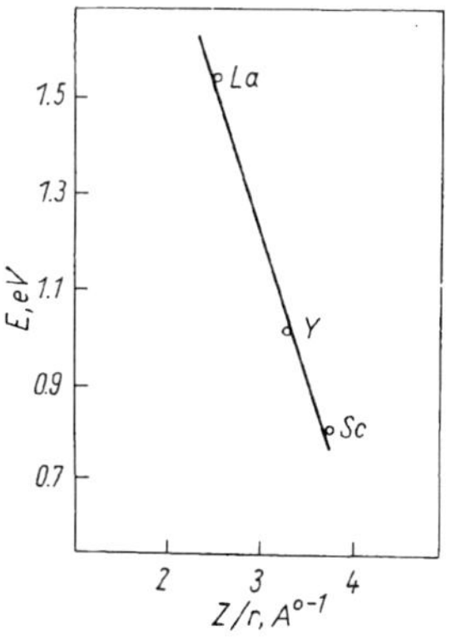

Fig. 3. Relation between E[eV] and the ionic potential $Z/r[A^{\circ -1}]$

This is because the number of stackes of the quinoline ring in the trivalent compounds is greater than that in the divalent one. For the divalent $3d^n$ complexes the change in ΔE as related to the metal cation is Mn > Fe > Co < Ni < Cu > Zn. This order is a reverse to the order of the crystal field stabilization energy of those ions in high spin tetrahedral field environment (Fig. 2), Zn is deviated because it possesses probably a different crystal environment for the trivalent nd^0 compounds. Sc, Y and La the sequence of ΔE is La > Y > Sc. This order can be explained on electrostatic basis: the higher the ionic potential of the metal cation, the lower the activation energy ΔE (Fig. 3).

Received July 7, 1978

References

[1] *H. F. Aly, F. M. Abdel-Kerim, A. Elagramy, A. H. Atya*, Isotopenpraxis **13** (1977) 50

[2] *R. G. Charles, H. Freisev, R. Foriedel, I. E. Hillard, H. W. Johnson*, Spec. Chim. Acta **15** (1956) 109

[3] *H. F. Aly, F. M. Abdel Kerim, H. H. Afifi*, Z. Naturforsch. **31a** (1976) 675

[4] *M. C. Dale, C. D. Keeling*, J. Am. Chem. Soc. **76** (1954) 4304

[5] *J. Vinyard, J. Pienes*, Radiation effect in solids, Moscow, 1960

[6] *S. J. Ashcroft, G. Beech*, Inorg. Thermodynamic, Van Norstrand Reinhold Company LTD., New York 1973

Определение микроколичеств золота в платине методом изотопного разбавления

Й. Сладковска, В. Единакова

(Пражский химико-технологический институт, кафедра технологии ядерного горючего и радиохимии, Прага)[1])

В работе представлен метод определения микроколичеств золота в сплаве платины с родием на основе изотопного разбавления при помощи экстракции дитизоном в CCl_4. При определении золота не мешают платина и родий; цинк, медь и серебро не мешают в концентрациях, не превышающих двадцатикратный избыток. Разработан метод определения золота в платине, родии и сплавах Pt-Rh.

(B 11) INIS DESCRIPTORS:

dithizone, gold; gold 198; isotope dilution; platinum; platinum alloys; qantitative chemical analysis; rhodium; rhodium alloys; solvent extraction; trace amounts

1. Введение

Радиометрические методы являются выгодными для определения микроколичеств элементов в исследуемом материале. Эти методы дают возможность определить не только низкие концентрации элементов, но и обладают большой селективностью. Из радиометрических методов наиболее часто применяется активационный анализ в сочетании с гамма спектроскопией [1]. Так как для активационного анализа необходим достаточно сильный источник нейтронов, чаще применяются методы, основанные на изотопном разбавлении [2]. Преимущество метода изотопного разбавления состоит в том, что не надо количественно выделить исследуемый элемент из смеси. В этой работе разработан метод субстехиометрической сепарации золота при помощи изотопного разбавления в сплаве платины с родием.

2. Теоретическая часть

Принцип субстехиометрической сепарации

Существуют два варианта метода изотопного разбавления [3]:

а) прямое изотопное разбавление, при помощи которого определяется неактивный элемент с помощью радиоизотопа,

б) косвенное изотопное разбавление, с помощью которого определяется концентрация изотопного носителя.

В этой работе определение золота было проведено по первому варианту. Для определения количества неактивного элемента смешивают пробу с неизвестным содержанием этого элемента (y) с известным количеством радиоактивного стандарта (y_s), удельная активность которого обозначается S_s. Содержание исследуемого элемента вычисляют по снижению удельной активности смеси S с помощью уравнения (1)

$$y = y_s\left(\frac{S_s}{S} - 1\right) \qquad (1)$$

При отборе одинакового количества пробы из раствора стандарта (удельная активность которого $S_s = a_s : m_s$) и из анализируемого раствора (удельная активность которого $S = a : m$) возможно вычислить концентрацию вещества в пробе (y) прямо из величин активности a_s и a с помощью уравнения (2)

$$y = y_s\left(\frac{a_s}{a} - 1\right) \qquad (2)$$

Субстехиометрическая сепарация экстракцией хелатов

Для субстехиометрического отделения успешно применяются экстракционные методы, особенно экстракцию хелатов. Большое количество элементов, в числе которых находится и золото, образуют устойчивые хелатообразные комплексы напр. с дитизоном (ДЗ). При их экстракции в растворах CCl_4 или $CHCl_3$ найдены достаточно высокие постоянные равновесия даже при низких значениях pH раствора. Скорость кинетики образования большинства хелатов с дитизоном высокая.

Недостатком дитизона является его сравнительно невысокая устойчивость в органических растворителях[4]. Под воздействием воздуха дитизон медленно окисляется с возникновением дифенилтиокарбадиазона. Процесс окисления ускоряется в присутствии продуктов разложения растворителей, особенно четыреххлористого углерода. Хотя хлорофирменный раствор дитизона более устойчивый, на практике чаще используется четыреххлористый углерод, в котором растворимость воды ниже, скорость реакции $M^{n+} + H_2ДЗ$ выше и летучесть самого вещества ниже.

При использовании раствора дитизона в CCl_4 для метода изотопного разбавления не нужно учитывать изменение концентрации ДЗ в том случае, если для анализа берут тот же самый раствор дитизона для стандартного и для анализируемого раствора.

3. Экспериментальная часть

$KAuCl_4$ был приготовлен кристаллизацией эквимолярных количеств $AuCl_3$ и KCl. KCl, чистый для анализа, был дважды перекристаллизирован, $AuCl_3$ (фирма Сафина Вестец) было использовано без предварительной очистки. Различные концентрации $KAuCl_4$ с переменным количеством золота приготовляли разбавлением стандартного раствора с содержанием 100 *мг* Au/*мл* (pH = 1). Раствор с радиоизотопом зо-

[1]) Адрес: ČSSR, Suchbátarova 5; 16628 Praha 6

лота содержал 29,5 μг Au/*мл* в качестве носителя (*p*H = 1). Раствор дитизона готовился всегда перед началом работы из раствора с концентрацией 1 · 10^{-3} М четыреххлористый углерод был очищен дестиляцией.
Измерение активности растворов

Изотоп ^{198}Au (польский продукт) в виде коллоида растворялся в царской водке, раствор упаривался несколько раз с хлористоводородной кислотой. Измерение γ-излучения органических растворов проводилось с помощью сцинтилационного счетчика.

Время измерения скорости счёта выбиралось так, чтобы относительная ошибка была меньше или равна 1%.

4. Обсуждение результатов

а. *Проверка принципа субстехиометрии*

Принцип метода проверялся экстракцией проб радиоактивного золота раствором дитизона двух концентраций $1 \cdot 10^{-5}$ и $1 \cdot 10^{-6}$ М (таб. 1). В обоих случаях принцип метода действителен, как видно из рис. 1.

б. *Определение золота в отсутствии платины*

При определении золота в растворах, содержащих от 0,5 до 100 μг золота, экстракция проводилась раство-

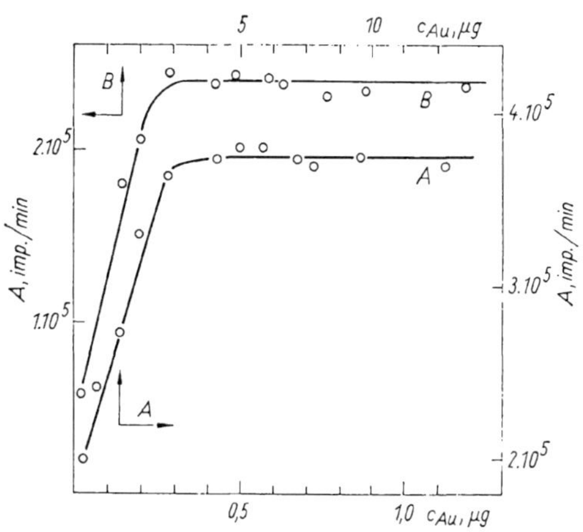

Рис. 1. Проверка принципа субстехиометрии при определении золота A … $c_{дз}$ = 1.10^{-6} М; B … $c_{дз}$ = 1.10^{-5} М

Табл. 1. Проверка принципа субстехиометрии

c_{Au} = 0,29 μг Au/*мл*, $c_{дз}$ = $1 \cdot 10^{-6}$ М [а]; c_{Au} = 2,95 μг Au/*мл*, $c_{дз}$ = $1 \cdot 10^{-5}$ М [б]

мл	μг Au	скорость счета *расп/мин*	*мл*	μг Au	скорость счёта *расп/мин*
0,1	0,029	19638	0,1	0,295	54296
0,25	0,073	68376	0,25	0,74	129876
0,50	0,145	94879	0,50	1,47	260729
0,70	0,203	152376	0,70	2,06	387612
1,0	0,290	186214	1,0	2,95	427642
1,5	0,435	194870	1,5	4,35	418970
1,7	0,493	208326	1,7	4,94	423025
2,0	0,580	200035	2,0	5,90	421178
2,2	0,638	192325	2,2	6,38	419732
2,5	0,725	189762	2,5	7,40	409819
3,0	0,870	190251	3,0	8,85	413452
4,0	1,16	186413	3,0	11,8	416249

Таб. 2. Определение золота в отсутствии платины
y_s = 29,5 μг Au/*мл*, a_s = 60643 *имп/мин*, $c_{дз}$ = $1 \cdot 10^{-6}$ М

μг Au	скорость счёта *имп/мин*	найдено μг Au	ошибка %
0,5	59573	0,53	6,0
1,0	58292	1,19	19,0
2,0	56364	2,06	3,0
5,0	51898	4,97	0,6
10,0	46171	9,25	7,5
30,0	31186	27,9	6,8
50,0	22870	49,3	1,5
100,0	12459	115,6	13,5

Таб. 3. Ошибка в измерении скоростей счёта образцов

скорость счёта *имп/мин*	*имп/мин* ∅	ошибка %
186152		0,07
185368		0,35
185872	186014	0,08
186265		0,13
186413		0,21

ром ДЗ с концентрацией $1 \cdot 10^{-6}$ М. В таб. 2 представлены результаты, которые являются средним арифметическим из двух паралельных определений. Из результатов видно, что метод позволяет определить содержание золота в пробе с ошибкой меньше или равной 10% (таб. 2), причем ошибка, вызванная статичическими флюктуациями в числе распадов атомного ядра, на два порядка ниже при значениях активности проб от 1,5 до 15 kBq (таб. 3).

в. *Определение золота в присутствии других элементов*

Перед определением золота в сплаве платины, содержащем другие элементы (Cu, Zn, Ag, Pt), необходимо было исследовать влияние этих элементов на определение золота по выше приведенной методике.

Влияние цинка и платины исследовалось для двух концентраций золота: 1 *μг* и 30 *μг* (таб. 4). Содержание цинка было в первом случае на порядок выше (10 *μг*) и во втором случае того же порядка по сравнению с содержанием золота.

Эксперименты проводились так, как было описано выше. Наряду с цинком проверялось влияние комплексона на определение золота с целью маскировки цинка (в случае, что цинк мешает при определении золота). По результатам видно (таб. 4), что цинк не мешает при определении золота даже в десятикратном избытке. Наоборот, не рекомендуется прибавлять комплексон, так как при его присутствии найденное количество золота в два раза выше.

Одновременно изучалось влияние платины в концентрациях на три порядка выше чем концентрация золота (таб. 4). Найдено, что это количество платины не мешает при определении золота.

Влияние меди на определение золота исследовалось в диапазоне концентраций золота от 1,0 дло 30,0 *μг*. Количество меди менялось от 10 до 100 *μг*. Одновременно исследовалось влияние серебра и комплексона (таб. 5). Из результатов видно, что присутствие меди даже в двадцатикратном избытке не мешает определению золота. Также присутствие серебра в двадцатикратном количестве не оказывает влияния. Добавка комплескона к исследуемому раствору золота и серебра не влияет на определение золота.

Определение золота в присутствии серебра исследовалось при одинаковых условиях как в случае меди. Определялось влияние смеси серебра и меди (при двухкратной концентрации серебра и двадцатикратной концентрации меди по сравнению с концентрацией золота) и также влияние комплексона. Во всех случаях найдено (таб. 6), что ни одно из добавляемых веществ не оказывает влияния на определение золота.

Таб. 4. Определение золота в присутствии других элементов
$y_s = 29{,}5$ *μг* Au/*мл*, $a_s = 56976$ *имп/мин*, $c_{дз} = 1 \cdot 10^{-6}$ M

μг Au	*μг* Zn	*μг* Pt	0,01 M Комплексон *мл*	активность *имп/мин*	найдено *μг* Au	ошибка %
1,0	10,0	—	—	54856	1,14	14
1,0	10,0	1000	—	53906	1,18	18
1,0	10,0	—	1,0	52972	2,23	123
1,0	—	—	—	54946	1,09	9
30,0	10,0	—	—	33021	21,4	28
30,0	—	—	—	28536	29,4	2

Таб. 5. Влияние меди на определение золота
$y_s = 29{,}5$ *μг* Au/*мл*, $a_s = 56900$ *имп/мин*, $c_{дз} = 1 \cdot 10^{-6}$ M

μг Au	*μг* Cu	*μг* Ag	0,01 M Комплексон *мл*	скорость счёта *имп/мин*	найдено *μг* Au	ошибка %
1,0	10,0	—	—	54658	1,21	21
1,0	10,0	—	1,0	56650	1,13	13
1,0	—	—	—	55034	1,09	9
5,0	10,0	—	—	50286	3,88	22
5,0	100	—	—	48710	4,96	0,8
5,0	100	10,0	—	49413	4,47	11
5,0	—	—	—	49500	4,41	12
30,0	10,0	—	—	31258	24,2	19
30,0	—	—	—	28498	29,4	2

Таб. 6. Влияние серебра на определение золота
$y_s = 18{,}3$ *μг* Au/*мл*, $a_s = 623675$ *имп/мин*, $c_{дз} = 1 \cdot 10^{-6}$ M

μг Au	*μг* Ag	*μг* Cu	0,01 M Комплескон *мл*	скорость счёта *имп/мин*	найдено *μг* Au	ошибка %
1,0	10,0	—	—	591360	1,18	18
1,0	10,0	—	1,0	590442	1,03	3
1,0	—	—	—	588615	1,09	9
1,0	—	—	—	588008	1,11	11
5,0	10,0	100	—	501241	4,47	11
5,0	—	—	—	502565	4,41	12
5,0	—	—	—	487746	5,10	2

Таб. 7. Определение золота в присутствии большого избытка платины

$y_s = 18{,}3$ *μг* Au/*мл*, $a_s = 601\,950$ *имп/мин*, $c_{ДЗ} = 1 \cdot 10^{-6}$ M

μг Au	*мг* Pt	скорость счёта *имп/мин*	найдено *μг* Au	ошибка %
0,5	—	586565	0,48	4
0,5	75,7	583767	0,57	14
0,5	227,1	587817	0,44	12
1,0	—	566359	1,15	15
1,0	75,7	567234	1,12	12
1,0	227,1	564907	1,20	20
10,0	—	394686	9,61	3,9
10,0	75,7	389522	9,98	0,2
10,0	227,1	383821	10,4	4

Так как в сплавах платины содержание платины на несколько порядков выше, надо было проверить достоверность метода определения золота в растворах с содержанием Pt в 10^6 раз выше чем содержание золота. Методика эксперимента в этом отличалась от предыдущей. Сплав платины растворялся в царской водке и после этого упаривался с HCl. Раствор содержал 75,7 *мг* Pt/*мл* в форме H_2PtCl_6. Содержание золота менялось в диапазоне от 0,5 *μг* Au до 10 *μг*. К 1 *мл* раствора золота прибавлялось 1,0 или 3,0 *мл* раствора платины, т. е. 75,7 а 227,1 *мг* Pt.

Во всех случаях (таб. 7) подвердилось, что предлагаемый метод определения золота можно использовать и при анализе Pt — сплавов, содержащих большой избыток платины по сравнению с количеством золота.

5. Методика определения

На основе полученных результатов предлагается следующий ход анализа. Для определения золота в материалах Pt-Rh нужно сначала отделить платину и родий. Проба сплава растворяется в небольшой количестве царской водки, упаривается и после этого дважды упаривается с HCl до суха. Этот способ является необходимым для превращения Pt^0 в Pt^{4+}, Rh^0 в Rh^{4+} и Au^0 в Au^{+3}, так как платина и родий образуют комплексы с дитизоном только в двухвалентном состоянии [2]. Присутсвие HCl препятствует восстановлению золота.

Раствор пробы Pt — сплава количественно переводится в колбы с объемом 25 *мл* при помощи 0,1 M HCl. К 1 *мл* этого раствора прибавляется 1 *мл* раствора эталона с радиоизотопом ^{198}Au и 8 *мл* раствора 0,1 M HCl. (При содержании золота меньше 1 *μг* Au в миллилитре рекомендуется увеличить объем пробы). Общий объем раствора для экстракции должен быть во всех случаях одинаковый. Раствор экстрагируется при помощи 2 *мл* 10^{-6}—10^{-5} M ДЗ в CCl_4. Концентрация дитизона определяется концентрацией золота в пробе из-за выполнения условий субстехиометрии. Одновременно с анализом пробы проводится экстракция смеси 1 *мл* стандартного раствора золота (содержание золота 0,1—50 *μг*) и 9 *мл* 0,1 M HCl. Органическая фаза состоит из 2 *мл* ДЗ в CCl_4. Для установления равновесия достаточно 2-минутная экстракция.

Поступила в редакцию 29/IX, 1978 г.

Литература

[1] *С. И. Гинсбург, У. А. Езерская* и др., Аналитическая химия платиновых металлов, стр. 542, Наука, Москва

[2] *J. Růžička, J. Starý*, Substechiometry in Radiochemical Analysis. Pergamon Press, London.

[3] *C. Duval, J. Růžicka, J. Starý*, Substechiometric Analytical Methods. Edited by G. Svehla from Wilson and Wilson's Comprehension Analytical Chemistry, Vol. VII, Elsevier Scient. Publ. Company. Amsterdam, Oxford, N. Y. 1976

[4] *В. Спевачкова*, Кандидатская диссертационная работа. Институт ядерных исследований, Ржеж у Праги, 1973

Informationen

DDR. Neue Reports des Staatlichen Amtes für Atomsicherheit und Strahlenschutz der DDR (SAAS):

SAAS-225: Das Inkorporationsproblem im Strahlenschutz (*V. Lößner* — Internal Contamination as a Problem of Radiation Protection);

SAAS-226: Eignung fluoreszenz-mikroskopischer Untersuchungen von Blutzellen für den Nachweis von Strahlenschäden. Eine Literaturstudie (*H.-P. Möller* — Fluorescence Microscopic Examinations of Blood Cells Directed Toward Detecting Radiation Injuries. A Literature Survey);

SAAS-227: Strahlenschutzbauartprüfungen (*N. Dymke* u. a. — Radiation Protection Type Testing);

SAAS-229: 2. Kongreß der Internationalen Gesellschaft für Aerosole in der Medizin, Warschau, 20.—22. April 1977 (Beiträge der DDR-Delegation);

SAAS-230: Natürliche Radionuklide in Baumaterialien und die dadurch bedingte Strahlenbelastung des Menschen (*E. Ettenhuber* u. a. — Radiation Exposure to Man Due to Natural Radionuclides in Building Materials);

SAAS-232: Anwendung der Thermographie mit cholesterinischen kristallinen Flüssigkeiten zur Diagnose von Strahlenschäden menschlicher Haut (*U. Lenz, P. Schmidt* — Use of Cholesteric Liquid Crystal Thermography for Diagnosing Radiation Injuries of Human Skin);

SAAS-233: Aktuelle Probleme der klinischen Strahlengenetik (*K. Neumeister, S. Hähnel* — Actual Problems of Clinical Radiation Genetics);

SAAS-234: Eignung ausgewählter Laboratoriumsmethoden zum Nachweis erfolgter Strahlenbelastungen im niederen Dosisbereich (*E. Jacobsohn* u. a. — Suitability of Selected Laboratory Methods for the Detection of Radiation Effects at Low Dose Levels).

DDR. Weitere Reports des Staatlichen Amtes für Atomsicherheit und Strahlenschutz der DDR (SAAS):

SAAS-235: Ergebnisse der Strahlenschutzüberwachung des Territoriums der Deutschen Demokratischen Republik auf Falloutradioaktivität 1975 (*J. Kunert* u. a. — Results of Fallout Monitoring in the German Democratic Republic in 1975);

SAAS-236: Die Gonadenbelastung bei der Phlebographie der unteren Extremitäten (*R. Hegemann, H. Ritter* — Exposure to the Gonads in Phlebography of the Lower Extremities); Die Strahlenbelastung des Anästhesisten in der kardiovaskulären Röntgendiagnostik (*R. Schiffmann* u. a. — Radiation Exposure to the Anaesthesist in Cardiovascular X-Ray Diagnosis);

SAAS-237: Ergebnisse der Strahlenschutzüberwachung des Territoriums der Deutschen Demokratischen Republik auf Falloutradioaktivität 1976 (*J. Kunert* u. a. — Results of Fallout Monitoring in the German Democratic Republic in 1976);

SAAS-238: Fehler beim Bau von Gammabestrahlunsganlagen (*E. Beise* u. a. — Faults in the Construction of Gamma Irradiation Facilities); Medieneinflüsse bei der strahlenchemischen Korrosion in Gammabestrahlungsanlagen hoher Leistung (*G. Pretzschner, E. Beise* — Media Effects on Radiochemical Corrosion at High-output Gamma Irradiation Facilities);

SAAS-239: Erläuterungen zu den gesetzlichen Grundlagen und zum Genehmigungsverfahren für den Betrieb medizinischer Röntgeneinrichtungen (*W. König* u. a. — Comments on the Legal Basis and the Licensing Procedure for the Operation of Medical X-Ray Equipment);

SAAS-240: Stand und Entwicklungstendenzen des chemischen Strahlenschutzes. Literaturstudie 1977 (*G. Siegel* u. a. — State and Tendencies of Chemical Protection against Ionizing Radiation. A Lieterature Survey 1977);

SAAS-241: Abschätzung der Aufnahme von ^{90}Sr und ^{137}Cs mit der Nahrung durch die Bevölkerung der DDR (*H. Ziesak* u. a. — Assessment of Dietary Intake of ^{90}Sr and ^{137}Cs by the Population of the GDR);

SAAS-242: Die Strahlenschutzausbildung von Ärzten in internationalen Zentren. Literaturstudie (*P. Schwedt, K. Neumeister* — Training in Radiation Protection for Physicians at International Centres. A Literature Survey);

SAAS-243: Beispiele für die Extrapolation radionuklidkinetischer Daten von Säugetieren auf den Menschen (*D. Laußmann* — Examples for Extrapolation of Radionuclide Kinetic Data from Mammals to Man);

SAAS-244: Tagulichkeitsbeurteilung für den Einsatz unter Atemschutzgeräten bei Strahlenarbeiten. Literaturübersicht (*P. Nack* — Evaluation of Fitness for Wearing Respiratory Protective Equipment in Radiation Work. Literature Survey).

Großbritannien. Die United Kingdom Atomic Energy Authority (UKAEA) hat folgende neue Reports herausgegeben:

AERE-M-2967: Calculation of the Dose Rate and Air Ionisation from Radioactive Fallout Deposited at Chilton, Oxon (1951 bis 1977);

AERE-M-2977: Determination of ^{115m}In Activity for Use in Nuclear Accident Dosimetry;

AERE-R-8895: Theory of Chemically Reacting Fluid Mixtures:

AERE-R-9133: The Characterisation of the Ionic Species of Iodine in Solutions of Na^{123}J Using Instant Thin Layer Chromatography;

AERE-R-9175: The Effect of Irradiation and Sputtering on the Near-Surface Composition of Dilute Alloys.

Großbritannien. Neue Reports der United Kingdom Atomic Energy Authority (UKAEA):

AERE-M-2900: Granitic Depository for Radioactive Waste Size, Shape and Depth V. Temperatures.

AERE-M-2914: Measurement of the Supralinearity of ^{7}LiF Thermoluminescent Dosimeters.

AERE-M-2930: Experience of using the Magos Atomic Absorption Method for the Determination of Mercury in Biological Materials.

AERE-M-2946: A Pollution Analyser using Harwell 6000 Series Electronics.

AERE-R-8790: Heat Transfer Aspects of Underground Disposal of Radioactive Waste.

AERE-R-9016: Radioactive Fallout in Air and Rain. Results to the End of 1977.

AERE-R-9051: The Measurement of Attenuation Coefficients at Low Photon Energies using Fluorescent X-Radiation.

AERE-R-8951: A Neptunium Dosimeter and Spark-counting System for Routine Personnel Monitoring.

AERE-R-9087: The Production of Iodine-123 on the Harwell Variable Energy Cyclotron.

AERE-R-8788: Electrolyte Sorption in Dense Films of Cellulose Acetate. The Measurement of Partition and Diffusion Coefficients for Electrolytes of Different Valency Type.

AERE-R-9112: Ozone Depletion Estimates for Global Halocarbon and Fertiliser Usage employing One-Dimensional Modelling Techniques.

AERE-R-9195: Neutron Yields from (α, *n*) Reactions II The Light Elements.

AERE-R-9201: A Desktop Computer Systems to Control *Auger* Emission Spectroscopy.

ND-R-150(S): X-Ray Powder Diffraction Data on Miscellaneous Lanthanide Compounds.

AERE-R-8870: A User Guide to GASP. A General Purpose Program for Analysis and Manipulation of Gamma Ray Spectra.

AERE-R-9188: The Leaching of Radioactive Waste Storage Glasses.

AERE-R-9198: Investigations into Lead from Motor Vehicles.

IAEA. Neue Publikationen der Internationalen Atomenergie-Agentur:

Radioimmunoassay and Related Procedures in Medicine 1977 (Proc. Series — STI/PUB/469);

Food Preservation by Irradiation (Proc. Series — STI/PUB/470);

Monitoring of Radioactive Effluents from Nuclear Facilities (Proc. Series — STI/PUB/466);

Principles for Establishing Limits for the Release of Radioactive Materials into the Environment (Safety Series No. 45 — STI/PUB/477);

CINDA 76/77 and Cinda 78 (Index to the Literature on Microscopic Neutron Data, published by the IAEA on behalf of USA National Nuclear Data Center, USSR Nuclear Data Center, NEA Data Bank and IAEA Nuclear Data Section);

Discussions of the Uranium Geology Working Groups, IGC, Sydney (Tech. Rep. Series No. 183 — STI/DOC/10/183);

Nuclear Power and its Fuel Cycle (Proc. Series — STI/PUB/465);

Peaceful Nuclear Explosions V (Panel Proc. Series — STI/PUB/473).

IAEA. Mehr als 240 Vertreter von 35 Ländern und 10 internationalen Organisationen (darunter der IAEA, WHO, ILO, OECD-NEA und ICRP) nahmen an einem Fachseminar über die praktische Anwendung der Empfehlungen der ICRP (1977) und der revidierten Grundnormen für den Strahlenschutz teil, das vom 5.—9. März 1979 in Wien stattfand. Die in der Publikation Nr. 26 enthaltenen Empfehlungen der Internationalen Kommission für den Strahlenschutz (ICRP) bilden einen allgemeinen Rahmen, der es ermöglicht, Verfahren, bei denen einzelne Personen oder die Bevölkerung einer Strahlung ausgesetzt sind, zu beurteilen und zu bewerten.

Besonders hervorgehoben wurde auf dem Seminar der Begriff der „Bewertung" von Verfahren oder Strahlenquellen, die eine Strahlenbelastung verursachen, und die Optimierung des Schutzes, d. h. das Bestreben, die Strahlung so gering zu halten wie möglich. Damit der Mensch möglichst weitgehend geschützt ist, muß die Dosis, der er ausgesetzt werden soll, sowohl optimiert als auch entsprechend bewertet werden.

Bisher wurden in den Mitgliedsstaaten erst geringe Erfahrungen mit der Anwendung des neuen Systems für Dosisbeschränkungen gesammelt. Umfangreiche Forschungen sind noch nötig, besonders hinsichtlich der Einführung quantitativer Werte in das Optimierungsverfahren und der Festlegung numerischer Werte für bestimmte Parameter.

Aus den Diskussionen ging hervor, daß das Dosisbeschränkungssystem in den USA, der UdSSR und anderen Ländern in der Praxis auf verschiedene Weise angewendet wird, woraus folgt, daß die Empfehlungen der ICRP und ihre Anwendung weiterentwickelt werden müssen.

Der Ausschuß Nr. 4 der ICRP wird Anleitungen für die praktische Anwendung der Empfehlungen ausarbeiten und plant ein umfangreiches Arbeitsprogramm. Ebenso haben die IAEA, die WHO, die ILO und die NEA bereits mit einer eingehenden Revision der Grundnormen für den Strahlenschutz begonnen, um Rahmenvorschriften für die Anwendung des Dosisbeschränkungssystems sowie Anleitungen für betriebliche Erfordernisse zu geben. Diese Arbeiten werden es erleichtern, die Grundgedanken der Publikation Nr. 26 der ICRP in die Praxis umzusetzen.

BRD. Nach einer Mitteilung in „atw" 3/1979 wurde im Kernforschungszentrum Karlsruhe ein kontinuierliches Analyseverfahren zur Fluorbestimmung bei derAufbereitung von Flußspat entwickelt, mit dem der Fluorgehalt an verschiedenen Stellen des Flotationsprozesses durch Aktivierungsanalyse gemessen werden kann. Das Ziel dieses Verfahrens ist die optimale Steuerung des Produktionsprozesses zwecks bestmöglicher Verwertung des Rohmaterials.

Bei dem Verfahren wird ein Teil des Prozeßstromes an den für die Prozeßlenkung wichtigen Stellen kontinuierlich an einer ^{252}Cf-Neutronenquelle vorbeigeführt. Der Fluorgehalt wird über das durch Neutronenaktivierung gebildete radioaktive Stickstoffisotop ^{16}N (Halbwertszeit 7,4 s) mit Hilfe des in Karlsruhe entwickelten Radionuklid-Meßsystems SU-SAC bestimmt. Die Meßwerte liegen innerhalb von 5 bis 10 min vor. Ihre Genauigkeit entspricht der der konventionellen chemischen Analyse.

Großbritannien. Die Firma British Nuclear Fuel Ltd. (BNFL) plant die Errichtung einer zweiten Anlage zur Urananreicherung nach dem Zentrifugenverfahren. Als Standort der Anlage die eine Kapazität von 200 t angereichertem Uran pro Jahr haben und 1981 in Betrieb gehen soll, ist Capenhurst vorgesehen. Die Baukosten wurden auf 73—130 Mio £ veranschlagt.

UdSSR. In Nr. 1/1979 der Zeitschrift „Atomnaja Energija" sind u. a. folgende Arbeiten enthalten:

Die Radionuklidaktivität im Kühlmittel des zweiten Kreislaufs von Kernkraftwerken mit Reaktoren des Typs WWER-440 (*L. M. Woronin* u. a.);

Messung der Spaltquerschnitte von ^{240}Pu und ^{242}Pu relativ zum Spaltquerschnitt von ^{235}U im Neutronenenergiebereich 0,127 ... 7,4 MeV (*W. M. Kuprijanow* u. a.);

Abschätzung der Strahlungsgefahr des globalen ^{85}Kr (*I. J. Wasilenko* u. a.);

Kurze Originalmitteilungen:

Zur Berechnung der räumlichen Verteilung von langsamen Wasserstoff- und Heliumionen in Festkörpern (*A. F. Akkerman*);

Porositätsverteilung in Nickel bei der Bestrahlung mit Argonionen (*S. J. Lebedew, S. I. Rudnew*);

^{135m}Ba-Ausbeuten der Kernreaktionen ^{133}Cs (α, pn) ^{135m}Ba und ^{139}La(p, α n) ^{135m}Ba (*P. P. Dmitrijew, M. W. Panarin*);

Parameter der Neutronenniveaus von ^{60}Co (*W. A. Anufrijew* u. a.).

UdSSR. In Heft 2/1979 der Zeitschrift „Atomnaja Energija" sind u. a. folgende Arbeiten enthalten:

Tritiumgehalt im Kühlmittel von WWER-Reaktoren (*L. I. Golubjew* u. a.);
Ein experimentelles Rechenmodell für das nichtstationäre Kriechverhalten keramischer Brennstoffe bei Bestrahlung (*W. B. Malygin* u. a.);
Einfluß der Bestrahlungsbedingungen und der chemischen Zusammensetzung auf die Entwicklung von Strahlenschäden in neutronenbestrahlten Stählen und Legierungen (*W. I. Stscherbak* u. a.);
Der Elektronen-Impulsbeschleuniger „Kalmar-1" mit einer Leistungsdichte an relativistischen Elektronen bis 5×10^{12} W/cm^2 (*B. A. Demidow* u. a.);
Messung der Äquivalenzdosis der gemischten Strahlung hinter der Abschirmung des Serpuchow-Protonensynchrotrons (*A. W. Antipow* u. a.);

Kurze Originalmitteilungen:

Bestimmung der absoluten Ausbeuten an Gammaquanten von ^{243}Am mit Energien von 43,5; 74,7 und 117,8 keV (*J. S. Popow* u. a.);
Tritiumverteilung in den technologischen Systemen des KKW Nowoworonesh (*D. P. Broder* u. a.);
Einfluß der Energie von Heliumionen und der Bestrahlungstemperatur auf das Nickel-Blistering (*W. I. Krotow, S. J. Lebedew*);
Bestimmung des Verunreinigungsgrades des Natrium-Kühlmittels des ersten Reaktorkreislaufs durch Kernbrennstoff mit Hilfe der Spurdetektormethode (*W. P. Korolewa* u. a.).

USA. Die Fa. Stone und Webster Engineering Corporation wurde mit der Errichtung der ersten kommerziellen Anlage in den USA zur Urananreicherung nach dem Zentrifugenverfahren beauftragt. Die Kosten für den Bau des Werkes werden auf eine Milliarde Dollar geschätzt. Die Errichtung der Hauptgebäude des Anlagenkomplexes beginnt 1979. Die erste Baustufe der Anlage soll 1988 in Betrieb genommen werden. Der Weiterausbau wird in Abhängigkeit von der Entwicklung des Bedarfs an angereichertem Uran erfolgen. Es wird mit einer Gesamtbauzeit von 10—15 Jahren gerechnet.

Australien. Ein neues Verfahren für die Endlagerung radioaktiver Rückstände wurde im Institut für Geowissenschaften der Australian National University, Canberra, entwickelt. Danach sollen die radioaktiven Rückstände in ein „SYNROC" genanntes künstliches Gestein eingeschmolzen werden, das aus 4 synthetischen Mineralien (Zirkonerde, Hollandit, Perowskit, Bariumfeldspat) bei rund 1300 °C gewonnen wird. Während des Schmelzvorgangs werden etwa 10% radioaktives Material zugesetzt. Die Endlagerung soll in Form zylindrischer Blöcke (Durchmesser 30 cm, Höhe 300 cm), gekapselt in Behältern aus einer Nickel-Eisen-Legierung, in tektonisch stabilen Granitformationen ungefähr 3000 m unter der Erdoberfläche erfolgen. Das „SYNROC"-Gestein soll praktisch wasserunlöslich sein und auf Grund seines Kristallgitters die radioaktiven Inhaltsstoffe über sehr lange Zeiträume ($\sim 10^6$ a) zuverlässig zurückhalten. Einzelheiten über dieses Verfahren, das zum Patent angemeldet wurde, sind in einem Report ("Safe Disposal of High Level Reactor Wastes: A New Strategy") enthalten.

Buchbesprechungen

Probleme der Festkörperelektronik. Bd. 10. Optoelektronik

Hrsg.: Kombinat VEB Halbleiterwerk Frankfurt/O. Berlin: Verl. Technik. 176 S., 105 Abb., 21 Tfl.; Broschur M 20,—

Der vorliegende 10. Band der Reihe „Probleme der Festkörperelektronik" ist der Optoelektronik gewidmet. Der gegenwärtige Stand und die Entwicklungstendenzen werden im 1. Kapitel von *K. Thiessen* in übersichtlicher Form dargestellt. Dabei werden besonders die Bauelementegruppen der Mikro-Optoelektronik hervorgehoben. Eine weitere Arbeit befaßt sich mit den zunehmend an Bedeutung gewinnenden CCD-Strukturen, speziell mit den für die Anwendung als optische Sensoren zusammenhängenden Problemen. Die Wirkungsweise von Bildaufnahmeröhren mit Si-Dioden-Target und ihre Einsatzmöglichkeiten sind Gegenstand eines weiteren Kapitels. Die restlichen Arbeiten befassen sich mit technologischen Problemen des Systems $GaAs_{1-x}P_x$ bei der Fertigung von Lichtemitterdioden, vorzugsweise im rotleuchtenden Bereich.

Wie in den vorhergehenden Bänden ist es auch hier den Verfassern gelungen, eine Synthese zwischen der Beschreibung experimenteller Sachverhalte und theoretischer Darstellung zu finden. Auf die Ableitung und Erläuterung tiefer liegender theoretischer Zusammenhänge wird verzichtet, wodurch die Verständlichkeit vor allem für den in der Industrie tätigen Wissenschaftler erhöht wird. Deshalb wird das Buch — wie seine Vorgänger — zur Vertiefung des Wissens auf dem Gebiet der Halbleitertechnik für alle auf dem Gebiet der Elektronik arbeitenden Techniker und Wissenschaftler, wie für Studierende dieses Gebietes eine willkommene Hilfe sein. *G. Will*

Radiotracer Techniques and Applications

E. A. Evans, M. Muramatsu. Marcel Dekker, Inc., New York und Basel, 1977, 687 S.; Vol. 1, SFrs 205,—; Vol. 2 SFrs 160,—

Das umfangreiche, in zwei Bänden vorliegende Werk wendet sich an Chemiker, Biologen und Mediziner, die sich bei der Untersuchung und Erforschung von Vorgängen und Prozessen auf ihren Arbeitsgebieten der Radiotracertechnik bedienen.

Der Band 1 ist in 14 Abschnitte unterteilt, von denen die ersten acht grundlegenden Inhalts sind und die Eigenschaften und die für den jeweiligen Zweck richtige Auswahl der Radioisotope, Sicherheitsmaßnahmen bei der Arbeit mit Radiotracern, die Aktivitätsbestimmung (speziell in biologischen Proben), die Herstellung und Kontrolle markierter Verbindungen und deren Aufbewahrung sowie das Verhalten trägerfreier Radioisotope behandeln. Die Abschnitte 9 bis 13 befassen sich mit reaktionskinetischen Untersuchungen, dem Isotopenaustausch, Lösungs- und Diffusionsproblemen und Grenzflächenvorgängen unter Anwendung von Radiotracern. Im letzten Abschnitt (14) des ersten Bandes werden Umweltuntersuchungen, hauptsächlich an unter- und überirdischen Gewässern, beschrieben.

Die Abschnitte 15 bis 23 des zweiten Bandes beinhalten ausschließlich Anwendungen der Radiotracertechnik in der Biologie, Landwirtschaft und Medizin, u. a. für biosynthetische Untersuchungen, die Erforschung des Drogenstoffwechsels und des Stoffaustauschs landwirtschaftlicher Chemikalien in Pflanzen, Tieren und Insekten, für diagnostische und therapeutische Zwecke u. a.

Das Werk enthält viele für die Vorbereitung und Durchführung von Untersuchungen mit Radiotracern in den genannten Wissenszweigen benötigte Daten, Arbeitstechniken und Hinweise. Es ist infolge seines sehr anwendungsbezogenen Inhalts — wie selten in einem derartigen Buch — eine unmittelbar praktische Hilfe und daher jedem Chemiker, Biologen, Biochemiker, Pharmazeuten, Mediziner und begrenzt auch dem Umweltfachmann, die sich bei ihren Arbeiten der Radiotracertechnik bedienen bzw. sie anzuwenden gedenken, sehr zu empfehlen. *J. Holzhey*

Strahlenpathomorphose bei Geschwulsterkrankungen des Menschen

J. F. Luschnikow, Moskau: Verlag „Medizina" 1977. 327 S., 56 Abb., 16 Tab. (in Russisch) geb. M 10,50

Als Strahlenpathomorphose werden die typischen klinischen und pathomorphologischen Veränderungen der Tumoren infolge Strahlentherapie verstanden, wie sie sich anhand des sowjetischen (292) und ausländischen (69 Zitate) Schrifttums und nach den Ergebnissen morphologischer Untersuchungen im Laboratorium für Pathologische Anatomie des Wissenschaftlichen Forschungsinstitutes für klinische Radiologie der Akademie der Medizinischen Wissenschaften der UdSSR darstellen. Im 1. Kapitel „Radiobiologische Voraussetzungen für das Studium der Pathomorphose" wird besonders für die Klinikpathologen eine theoretische Einführung in das Problem gegeben. Im 2. Kapitel „Moderner Stand des Problems der Strahlenpathomorphose" werden nach Erläuterung des Begriffs „Pathomorphose" und kurzer historischer Darstellung, die für die Arbeit des Pathomorphologen wichtigen Kriterien behandelt und kurz auf die Methoden der morphologischen Analyse eingegangen. Das 3. Kapitel „Allgemeine Gesetzmäßigkeiten der Strahlenpathomorphose" stellt die vielfältigen biologischen Reaktionen auf der Ebene der subzellulären Strukturen, der Zellen, Gewebe, Organe und des Organismus dar, wie sie sich aus dem Studium der Morphologie bestrahlter Tumoren des Menschen unter Hinzuziehung entsprechender experimenteller Befunde aus dem Gebiet der Onkologie und Radiobiologie ergeben. Das 4. Kapitel „Strahlenpathomorphose einiger Geschwülste des Menschen" ist der speziellen Pathomorphose des Milchdrüsen-, Kehlkopf-, Lungen-, Speiseröhren-, Magen-, Mastdarm-, Harnblasen- und Gebärmutterkrebses sowie derjenigen des osteogenen Sarkoms, der Lymphogranulomatose und des malignen Melanoms gewidmet. Es analysiert den Effekt unterschiedlicher Methoden der Strahlentherapie und der kombinierten Behandlung und präzisiert einige Strahlenveränderungen in Beziehung zu den genannten Tumoren. Ungeachtet der großen Vielfalt der menschlichen Tumoren und der individuellen Behandlungsart der Krebskranken lassen sich einige gemeinsame Merkmale der Strahlenpathomorphose auf den verschiedenen Ebenen des Organismus darstellen, die in 3 aufeinanderfolgenden Stadien auftreten, als Primärreaktionen, als biologische (präklinische und klinische) Effekte und als Strahlenfolgen. Das Studium dieser Veränderungen ist wesentlich für die Lösung solcher theoretischen und klinischen Probleme wie: Ursachen der differenten Strahlensensibilität der verschiedenen Tumorarten, Klärung der Mechanismen der Tumorregression, Bewertung der unterschiedlichen Behandlungsmethoden, Erkennung der Strahlenveränderungen und dergleichen. Diese Monographie ist besonders für Klinikpathologen, insbesondere Strahlenpathologen, sowie alle Wissenschaftler, die sich mit der Wirkung von Strahlen beschäftigen, von großem Interesse. *G. P. Wildner*

Elementarteilchenphysik

N. F. Nelipa. Moskau 1977. 608 S., zahlr. Abb. u. Tab. (in Russisch); M 7,55

Das vorliegende Buch ist eine erweiterte Darstellung einer Vorlesungsreihe. Dementsprechend wendet es sich an Studenten höherer Semester und an Wissenschaftler, die auf diesem Gebiet arbeiten.

Einen großen Teil füllt die Darstellung der seit langem gut bekannten elektromagnetischen Wechselwirkung der Leptonen aus. Ein ebenso großer Teil ist den etablierten Erkenntnissen der Quantenfeldtheorie gewidmet — hier werden ausführlich die analytischen Eigenschaften der Streuamplitude, Dispersionsrelationen, Regge-Formalismus u. a. vorgestellt.

Leider wird das Buch vom heutigen Standpunkt aus betrachtet seinem Titel nicht gerecht. Die Entwicklung der letzten 10 Jahre wird völlig außer acht gelassen (bzw. nur in den Schlußbemerkungen angedeutet). So findet man nur wenig über das SU-(3)-Quark-Modell von *Gell-Mann* und *Zweig* und die zugehörige Stromalgebra sowie eine Zusammenfassung älterer Modelle über die schwache Wechselwirkung und die inklusiven Prozesse.

Zitiert werden bis auf vier Ausnahmen nur Bücher, die vor 1971 erschienen sind. Damit erfährt der Leser nichts vom heutigen Standardmodell der Elementarteilchen sowie ihre schwache und starke Wechselwirkung.

Demzufolge ist das Buch nur zur Einarbeitung oder Vertiefung von Kenntnissen auf den traditionellen Gebieten der Quantenelektrodynamik und der Quantenfeldtheorie geeignet. Hier gibt es allerdings ausgezeichnete Standard-Lehrbücher (z. B. von *Achieser* und *Berestetzki, Bjorken* und *Drell, Bogljubov* und *Shirkov*). *B. Kämpfer*

Dictionary of Physical Metallurgy. Englisch — Deutsch — Französisch — Polnisch — Russisch

E. Tyrkiel Wydawnictwa Naukowo -- Techniezne, Warszawa 1977. 402 S.; Leinen, Zl. 250,—; M 70,90

Verfasser und Herausgeber des Bandes stellen ein völlig neuartiges wissenschaftliches Wörterbuch vor. Es enthält 2292 Begriffe der Metallkunde in den im Untertitel genannten 5 Sprachen. Sie sind 17 Fachgruppen wie „Elektronentheorie der Metalle", „Kristallstruktur der Metalle", „Phasenbildung der Legierungen", „Eisen-Kohlenstoff-System", „Wärmebehandlung", „Materialdefekte" u. a. zugeordnet, wo sie in nichtalphabetischer Folge, jedoch numeriert, vorliegen. Der englische Ausdruck eines Begriffs ist übergeordnet, ihm folgen eine kurze Definition des Begriffs in Englisch, sodann das Synonym in Deutsch, Französisch, Polnisch und Russisch. Diesem ersten Teil des Wörterbuchs folgen ein deutsches, englisches, französisches, polnisches und russisches Wörterverzeichnis in jeweils alphabetischer Anordnung. Hinter jedem dieser Wörter sind zum Auffinden im Sprachenteil die Nummer der Fachgruppe und die Wortnummer vermerkt.

Das Wörterbuch ist für Wissenschaftler, Ingenieure, Techniker und Studenten der Metallkunde sowie Übersetzer wissenschaftlicher Literatur gedacht. *J. Holzhey*

G. Boden

Luminescence Autoradiography — a Method for the Investigation of Glassy and Cristalline SiO_2

Isotopenpraxis **15** (1979) No. 7, p. 210 to 213
8 Fig., 1 Tab., 10 Ref.

The luminescence radiation, emitted from SiO_2-samples and caused by ionizing irradiation, can be recorded locally by autoradiographic techniques and materials. Thereby results are obtained about the homogeneity and the quality of silica glasses and about the structure of quartz minerals. It is possible to investigate the bulk or the surface of the sample according to the penetration depth of the ionizing irradiation.

Г. Бодень

Люминесцентная радиоавтография — метод исследования стекловидного и кристаллического SiO_2

Isotopenpraxis **15** (1979) вып. 7, стр. 210 до 213
8 рис., 1 табл., 10 лит.

Испускаемое после водействия ионизирующего излучения на образцы SiO_2 люминесцентное излучение можно местно определить радиоавтографическими способами и материалами. При этом получаются информации о гомогенности и качестве кварцевых стекол, а также о структуре кварцевых минералов. В зависимости от глубины проникновения ионизирующего излучения исследуется общий образец или только поверхность его.

H. Greupner, K. Groche

On the Use of a Two-Detector Technique for Relative Activity Measurement by Means of Cylindrical Ionization Chambers

Isotopenpraxis **15** (1979) No. 7, p. 214 to 215
2 Fig., – Tab., 4 Ref.

A two-detector technique was checked to be used for the reduction of measurement errors caused by geometry in case of activity measurements with limited solid angle on the basis of substitution method. Two nearly identically designed horizontal ionization chambers were used as detectors. The influence of the distance between radiation source and detector on the result obtained with this technique was investigated.
The results obtained by measurement are within the limits of accuracy situated on a theoretically calculated curve describing the reduced distance dependence in case of the two-detector technique. It could be shown that with a distance between the two detectors being 1000 mm, an off-centre movement of the radiation source towards one of the detectors of ± 8 mm causes a change of the ionization current of no more than about 1‰.

Х. Гройпнер, К. Грохе

О применении двухдетекторного метода для относительного измерения активности с помощью цилиндрических ионизационных камер

Isotopenpraxis **15** (1979) вып. 7, стр. 214 до 215
2 рис., – табл., 4 лит.

Испытан двухдетекторный метод с целью уменьшения вызванных геометрией погрешностей относительного измерения активности с ограниченным телесным углом методом замещения. Два почти одинаково сконструированных горизонтальных цилиндрических ионизационных камер служили в качестве детекторов. Исследовалось влияние расстояния между источником излучения и детектором в связи с данным методом.
Полученные результаты измерения расположены в пределах погрешности измерения на теоретически расчитанной кривой, описывающей уменьшенную зависимость от расстояния двухдетекторного метода. Удалось показать, что при расстоянии 1000 мм между детекторами смещение источника излучения с центра в ± 8 мм по направлению одному из детекторов вызывает изменение ионизационного тока не более чем приблизительно на 1‰.

K. Dayev, S. Spassov

On the Possibilities of Radiochemical Purification of Waste Water Containing Dodecylbenzenesulphonate and Nonylphenylpolyglycolic Ether

Isotopenpraxis **15** (1979) No. 7, p. 216 to 219
5 Fig., 3 Tab., 15 Ref.

The possibility of radiochemical destruction of some detergents contained in waste water has been investigated. It has been found out that amongst the OFAS, which contribute most of the active matter in detergents, the ionogenic ones (e.g. dodezylbenzolsulphonate) are being destructed at comparatively lower doses than the non-ionogenic ones (e.g. nonylphenylpolyglycolic ether). With both substances having the same concentration, doses of the order of 5 to 6 kGy cause a higher degree of destruction in dodezylbenzolsulphonate, than doses in the order of 10 to 20 kGy do in nonylphenylpolyglycolic ether. Experiments performed on real waste water containing the substances "Biopon", "Alkasuper" and "Kitka" confirm the principle determined and show the prospect of radiochemical destruction for the purification of waste water containing ionogenic OFAS.

К. Даев, С. Спассов

О возможности радиохимического очищения содержащих додецилбензолсульфонат и нонилфенилполигликоловый эфир сточных вод

Isotopenpraxis **15** (1979) вып. 7, стр. 216 до 219
5 рис., 3 табл., 15 лит.

Рассматривалась возможность радиохимической деструкции некоторых детергентов, содержащихся в сточных водах. Было установлено, что из составляющих основную долю активного вещества детергентов ОФАС, ионогенные (напр. додецилбензолсульфонат) разлагаются при относительно более низких дозах, чем неионогенные (напр. нонилфенилполигликоловый эфир). При одной и той же концентрации обоих веществ дозы порядка 5 – 6 kGy приводят к более высокой степени деструкции додецилбензолсульфоната, чем дозы порядка 10 – 20 kGy в случае нонилфенилполигликолового эфира. Проведенные опыты на реальных сточных водах, содержащих препараты „Биопон", „Алкасупер" и „Китка", подтверждают выявленную закономерность и показывают перспективу радиохимической деструкции в целях очищения содержащих ионогенные ОФАС вод.

B. Hafez, N. Hafez, W. Higazi

Radiolysis of Aqueous Solution of Complexes of Co(II) and Co(III) and Diethylenetriamine Pentaacetic Acid (*in English*)

Isotopenpraxis **15** (1979) H. 7, p. 219 to 222
4 Fig., 3 Tab., 12 Ref.

Radiolysis of Co(II) and Co(III) diethylenetriamine pentaacetate complex, both in the presence and in the absence of oxygen, was investigated. The radiolytic degradation of the ion chelate was determined. A radiolytic mechanism has been proposed and discussed.

М. Б. Хафец, Н. Хафец, В. Хигаци

Радиолиз водных растворов комплексных соединений Co(II) и Co(III) с диэтилентриаминпентауксусной кислотой (*на англ. языке*)

Isotopenpraxis **15** (1979) вып. 7, стр. 219 до 222
4 рис., 3 табл., 12 лит.

Исследовался радиолиз комплексного соединения Co(II) и Co(III) с диэтилентриаминпентауксусной кислотой как в присутствии кислорода, так и в отсутствии его. Выявилось радиолитическое разложение ионного хелатного соединения. Предлагается и обсуждается механизм для хода радиолиза.

A. M. Elagramy, H. F. Aly, F. M. Abdel Kerim, M. H. Atya

Induced Electrical Conductivity of Gamma Irradiated 8-Hydroxyquinoline Metal Complexes (*in English*)

Isotopenpraxis 15 (1979) No. 7, p. 223 to 224
3 Fig., 1 Tab., 6 Ref.

А. М. Элаграми, Х. Ф. Али, Ф. М. Абдель Керим, М. Х. Атиа

Наведенная электропроводность подвергшихся гамма-излучению металлокомплексов 8-гидроксихинолина (*на англ. языке*)

Isotopenpraxis 15 (1979) вып. 7, стр. 223 до 224
3 рис., 1 табл., 6 лит.

The effect of gamma radiation on the electrical conductivity σ of 8-hydroxyquinoline metal complexes was studied. The induced electrical conductivity for the investigated compounds was found to decrease with increasing radiation dose and approaches nearly that of the ligand at doses ranging from 3 to 5 MGy (300 to 500 Mrd). On the other hand, the increase in the activation energy ΔE by irradiation was found to depend on the crystal field stabilization energy (C.F.S.E) in high spin tetrahedral field and on the ionic potential of the metal.

Рассматривалось воздействие гамма-излучения на электропроводность металлокомплексов 8-гидроксихинолина. Было установлено, что электропроводность исследованных соединений уменьшается с повышением дозы облучения, и что при дозах между 3 и 5 MGy она приближается к электропроводности лигандов. С другой стороны было выявлено, что достигшееся в результате облучения повышение активации ΔE зависит от энергии стабилизации поля кристалла (C.F.S.E.) в тетраэдрическом поле высокоэнергетического спина и от потенциала ионов металла.

J. Sladkovska, V. Yedinakova

Determination of Gold Traces in Platinum Based on Isotope Dilution (*in Russian*)

Isotopenpraxis **15** (1979) No. 7, p. 225 to 228
1 Fig., 7 Tab., 4 Ref.

In the present work a method for the determination of gold traces in a platinum-rhodium alloy based on isotope dilution by means of the extraction of Dithizon contained in CCl_4 is described. Platinum and rhodium do not affect gold determination. Zinc, copper and silver do not affect in case of concentrations up to the twentyfold surplus. A method for the determination of gold in platinum, rhodium and platinum-rhodium alloys was developed.

Й. Сладковска, В. Единакова

Определение микроколичеств золота в платине методом изотопного разбавления (*на русск. языке*)

Isotopenpraxis **15** (1979) вып. 7, стр. 225 до 228
1 рис., 7 табл., 4 лит.

В работе представлен метод определения микроколичеств золота в сплаве платины с родием на основе изотопного разбавления при помощи экстракции дитизоном в CCl_4. При определении золота не мешают платина и родий; цинк, медь и серебро не мешают в концентрациях, не превышающих двадцатикратный избыток. Разработан метод определения золота в платине, родии и сплавах Pt-Rh.

Information

Isotopenpraxis **15** (1979) No. 7, p. 229 to 231

Новости

Isotopenpraxis **15** (1979) вып. 7, стр. 229 до 231

New Books

Isotopenpraxis **15** (1979) H. 7, S. 231 bis 232

Новая литература

Isotopenpraxis 15 (1979) вып. 7, стр. 231 до 232

(Fortsetzung des Inhaltsverzeichnisses)

Die Radiolyse von Co(II)- und Co(III)-Komplexen mit DTPA sowohl in Gegenwart als auch in Abwesenheit von Sauerstoff wurde untersucht. Der radiolytische Abbau der Ionenchelatverbindung wurde ermittelt. Ein Mechanismus für den Ablauf der Radiolyse wird vorgeschlagen und diskutiert.

A. M. Elagramy, H. F. Aly, F. M. Abdel Kerim, M. H. Atya

Induzierte elektrische Leitfähigkeit von γ-bestrahlten 8-Hydroxychinolin-Metallkomplexen (*in Englisch*)

Isotopenpraxis **15** (1979) H. 7, S. 223 bis 224
3 Abb., 1 Tab., 6 Lit.

Die Auswirkung von Gammastrahlung auf die elektrische Leitfähigkeit σ von 8-Hydroxyquinolin-Metallkomplexen wurde untersucht. Es wurde festgestellt, daß bei den untersuchten Verbindungen die elektrische Leitfähigkeit mit steigender Strahlungsdosis sinkt und bei Dosen zwischen 3 und 5 MGy fast an die eines Liganden herankommt. Andererseits wurde festgestellt, daß die durch die Bestrahlung erreichte Erhöhung der Aktivierungsenergie ΔE von der Kristallfeld-Stabilisierungsenergie in einem Tetraeder-Hochenergiespinfeld und von dem Ionenpotential des Metalls abhängt.

J. Sladkowska, W. Jedinakowa

Bestimmung von Goldspuren in Platin mit Hilfe der Isotopenverdünnungsmethode (*in Russisch*)

Isotopenpraxis **15** (1979) H. 7, S. 225 bis 228
1 Abb., 7 Tab., 4 Lit.

In der Arbeit wird ein Verfahren zur Bestimmung von Goldspuren in einer Platin-Rhodium-Legierung auf der Grundlage der Isotopenverdünnungmethode mit Hilfe der Extraktion von in CCl_4 enthaltenem Dithizon beschrieben. Bei der Goldbestimmung stören Platin und Rhodium nicht. Zink, Kupfer und Silber stören nicht bei Konzentrationen bis zum zwanzigfachen Überschuß. Es wurde ein Verfahren zur Bestimmung von Gold in Platin, Rhodium und Platin-Rhodium-Legierungen entwickelt.

Informationen

Isotopenpraxis **15** (1979) H. 7, S. 229 bis 231

Buchbesprechungen

Isotopenpraxis **15** (1979) No. 7, p. 231 bis 232

FSC
www.fsc.org
MIX
Papier | Fördert
gute Waldnutzung
FSC® C083411

Zeitfracht Medien GmbH
Ferdinand-Jühlke-Straße 7
99095 Erfurt, Deutschland
produktsicherheit@kolibri360.de